香草香料圖鑑

從基礎知識、歷史軼事、文化到料理，
發現101道香料的祕辛

呂欣倫 編著

晨星出版

編者序

還記得2010年的夏天,我到波士頓念書外宿,當時的室友兼同窗是一名印度貴族,在她剛搬進公寓時,邀請我參觀她的房間,並詢問她的香料櫃配置是否得當。一罐罐的香料整齊排列的有如裝置藝術,由上至下佈滿了整個比人還高、還寬的書櫃。當時的我對香草、香料完全沒有概念,這就是我和它們的初次見面。

第一次看到如此壯觀的景象,我愣在櫃子前兩秒鐘之後,直覺地說了兩句話:「好漂亮呀!」「妳知道怎麼使用嗎?」

可愛的室友回答:「我也不知道怎麼使用,但我覺得每個家都應該要有一個這樣的櫃子!」

後來我們住在一起的時候,我常看她隨意地在料理中撒上一些香料,甚至在我感冒時,她和我另外一位印度好友都各憑直覺地使用香料調和成熱茶為我暖身,真摯的友誼成了我對香料的特殊記憶點,當時初嚐的印度料理與香料茶也一次又一次的衝擊我的味蕾,激發了我日後對香料的好奇心。

之後遇見了我的西班牙老公，也是我對料理認知的轉捩點，讓我的廚房從原本只有醬油、辣椒醬、麻油與鹽巴等台式家常，增添不少變化，甜紅椒粉、新鮮與乾燥的香菜、羅勒、迷迭香、薄荷、大蒜粉、乾辣椒與彩色胡椒罐等，也成為不可或缺的要角。我觀察到無論是印度好友們還是我的南歐伴侶，他們對於香草與香料的使用，是對家鄉的思念，是媽媽的味道，是隨手即興的，也是相當直覺的。

　　然而，在深入認識香草香料的過程中，發現它們遠比我所想像的要來的複雜及有趣，它不只是在料理上味覺與嗅覺的探索，背後更交織著複雜的科學、醫藥、歷史與文化，甚至包含了人類利用味覺的傳承，發展出酸、甜、苦、辣等認知，利用這些感受提醒下一個世代什麼是安全有益，又有什麼是危險需要避免──對於香草香料的喜好竟是一種生物的演化過程，是對大自然的學習，是上天造物養人的奧妙。

　　綜觀香草香料在飲食上的歷史，無論中西方，最原始的飲食習慣皆從生食開始，一直到人類已知用火後才開始熟食，到了青銅器時代進一步發展出燉煮與炒炸的料理技巧，但當時的料理大多保持在單調的口味。

　　而現在擔任調味要角的香草香料，在當時多被視為藥草、防腐劑等，功能性大於娛樂性，也有很大部分的香料被視為宗教上的必需品，利用它們的香氣來淨化身體，使人們可以與神更接近，或是因為它們能造成的迷幻效果而被穿鑿附會與靈界的連結，甚至因為它們防腐的功能而被當成是貴族及法老王的陪葬品。

　　在這樣的過程中，人類一點一滴地慢慢發掘香料在料理上的應用，聽起來或許有些驚人，但自從它們的魅力在料理上展開之後，除了提升飲食上的感官體驗，人們更為了這些香料開創了多條貿易路線，打通了東西方的交流。香料的貿易創造了無數的財富，強盛了國家的財力，威尼斯更因為香料貿易興盛了將近三世紀之久，對於香料的追求，更刺激遠航技術的發展，開啟了地理大發現與加速人口在全球的移動。

　　現在的香草香料在生產與貿易分布上仍擁有過去歷史的影子，但大多已經隨手可得，價格更平易近人，製程與管理上持續不斷的進步，一些國家和地區制定了更加嚴格的法規和標準，以確保香草香料的品質和安全性，並有助於長時間運輸與儲藏，讓無論是已經可以自動化採收的香草香料，還是持續依賴手工摘採的產品，都能獲得相當水準的品質保證。

這些措施也有助於消費者更好地了解產品的成分和來源，並促進了可持續和負責任的生產和供應鏈，台灣在香草香料市場上也持續不斷創新，從原住民祖先的智慧與漢方中學習與開發，獨特的香料在食文化中的創新屢屢讓人驚艷，若能藉此找出台灣在國際市場的定位與價值，這將會是令人樂見與期待的發展。

　　感謝晨星出版社給予我機會編著這本書，本書的內容除了我的經驗分享之外，同時以我所想要理解香草香料的角度，新增編修了許多故事與資訊，我希望這不只是一本介紹香草香料的工具書，而是富含趣味歷史、涉及科學人文，甚至能啟發人心，引導讀者進一步的去思考、探索甚至旅遊歷險，英文有句話說：「You are what you eat.」，狹義的解釋是「你的體態與健康狀態能直接反應出你日常生活的飲食習慣」，但我真心希望讀者們在閱讀過後，我們能讓「吃」這件事不再只停留於健康、美味上的記憶與讚嘆，更能一口口的感受背後的文化、故事與啟發，讓我們的「食」力與思考力再昇華。

呂欣倫 Cynthia

編者序 002

Chapter 1 與香料和香草的初次見面

- 001 香料是什麼？ 012
- 002 香草是什麼？ 015
- 003 香草、香料的重要價值①－從科學角度來說 018
- 004 香草、香料的重要價值②－從歷史角度來說 020
- 005 香料與香草的差異大對決 022
- 006 實用的香草處理手法①－乾燥炮製與研磨粉末 025
- 007 實用的香草處理手法②－新鮮處理 028
- 008 實用的香料料理手法①－折壓拍打／磨碎 030
- 009 實用的香料料理手法②－焙炒／浸泡 032
- 010 香料、香草的使用目的 034
- 011 香料的取用部位 036
- 012 在料理中擔任的角色 038
- 013 料理以外的事①－保健強身、茶飲與精油芳香療法 ... 041
- 014 料理以外的事②－保存食物、病蟲害防治 044
- 015 料理以外的事③－染色 046
- 016 混合香草香料①－義大利香料 048
- 017 混合香草香料②－中東Za'atar混合香料 050
- 018 混合香草香料③－埃及杜卡香料 052
- 019 混合香草香料④－印度馬薩拉香料 054
- 020 混合香草香料⑤－英國咖哩粉 056
- 021 混合香草香料⑥－美式肯瓊調味香料 058
- 022 混合香草香料⑦－中式五香粉 060

Chapter 2　香料、香草的世界史

- 023　香料香草簡史－歷史定位⋯⋯⋯⋯⋯⋯⋯⋯⋯⋯⋯064
- 024　香料香草背後的重要推手①－四位重要人物⋯⋯⋯067
- 025　香料香草背後的重要推手②－阿拉伯文明與大航海時代⋯070
- 026　香料香草與宗教⋯⋯⋯⋯⋯⋯⋯⋯⋯⋯⋯⋯⋯⋯⋯072
- 027　香料香草與傳統儀式⋯⋯⋯⋯⋯⋯⋯⋯⋯⋯⋯⋯⋯074
- 028　曾經作為交易貨幣的香料⋯⋯⋯⋯⋯⋯⋯⋯⋯⋯⋯076
- 029　香料與香草的世界之旅①－陸路長征⋯⋯⋯⋯⋯⋯078
- 030　香料與香草的世界之旅②－貿易路線與戰爭導火線⋯081
- 031　香料與香草的世界之旅③－開啟航海時代⋯⋯⋯⋯084
- 032　香料的謊言・貿易・爭奪⋯⋯⋯⋯⋯⋯⋯⋯⋯⋯⋯088
- 033　香料群島的歷史與紛擾⋯⋯⋯⋯⋯⋯⋯⋯⋯⋯⋯⋯091
- 034　香料香草帶來的巨大改變①－改變飲食習慣、促進貿易⋯094
- 035　香料香草帶來的巨大改變②－人口數銳減、奠定資本主義⋯097
- 036　香料與黑死病⋯⋯⋯⋯⋯⋯⋯⋯⋯⋯⋯⋯⋯⋯⋯⋯100
- 037　中古世紀的常用香草香料與料理⋯⋯⋯⋯⋯⋯⋯⋯103

Chapter 3　世界各地的香料、香草

- 038　香料香草價格排行榜⋯⋯⋯⋯⋯⋯⋯⋯⋯⋯⋯⋯⋯108
- 039　香草香料的國際貿易現況⋯⋯⋯⋯⋯⋯⋯⋯⋯⋯⋯110
- 040　世界各地的香草香料市集①⋯⋯⋯⋯⋯⋯⋯⋯⋯⋯112
- 041　世界各地的香草香料市集②⋯⋯⋯⋯⋯⋯⋯⋯⋯⋯116

Chapter 4 香料、香草大集合

- 042 如何選購香料、香草 · 122
- 043 如何保存新鮮香草 · 124
- 044 香料與乾燥香草保存 · 127
- 045 打造家庭香草園！初學者種植建議 · · · · · · · 129

認識香草

- 046 青蔥 Spring onion · · · · · · · · · · · 132
- 047 紅蔥頭／珠蔥 Shallots · · · · · · · 134
- 048 洋香菜 Parsley · · · · · · · · · · · · · · 136
- 049 香菜 Cilantro · · · · · · · · · · · · · · · 139
- 050 蒔蘿 Dill · · · · · · · · · · · · · · · · · · · 142
- 051 茴香 Fennel · · · · · · · · · · · · · · · · 144
- 052 薄荷 Mint · · · · · · · · · · · · · · · · · · 147
- 053 百里香 Thyme · · · · · · · · · · · · · · 149
- 054 薰衣草 Lavender · · · · · · · · · · · · 151
- 055 迷迭香 Rosemary · · · · · · · · · · · 153
- 056 羅勒 Basil · · · · · · · · · · · · · · · · · 155
- 057 鼠尾草 Sage · · · · · · · · · · · · · · · 157
- 058 奧勒岡葉與馬鬱蘭 · · · · · · · · · · 160
  Oregano and Marjoram
- 059 牛膝草 Hyssop · · · · · · · · · · · · · 163
- 060 檸檬香蜂草 Lemon Balm · · · · · 165
- 061 青檸葉 Makrut lime leaves · · · 167
- 062 月桂葉 Bay Leaf · · · · · · · · · · · · 169
- 063 山葵 Wasabi · · · · · · · · · · · · · · · 171
- 064 龍蒿 Tarragon · · · · · · · · · · · · · · 174
- 065 斑蘭葉 Pandan · · · · · · · · · · · · · 176

認識香料

- 066 薑 Ginger · · · · · · · · · · · · · · · · · · 178
- 067 南薑 Galangal · · · · · · · · · · · · · · 181
- 068 沙薑 Sand Ginger · · · · · · · · · · · 183
- 069 薑黃 Turmeric · · · · · · · · · · · · · · 185
- 070 小豆蔻 Cardamom · · · · · · · · · · 188
- 071 蒜 Garlic · · · · · · · · · · · · · · · · · · 191
- 072 茴芹 Anise · · · · · · · · · · · · · · · · · 193
- 073 阿魏 Asafoetida · · · · · · · · · · · · · 195
- 074 胡椒（黑胡椒／白胡椒／綠胡椒／紅胡椒）
  Pepper · 198
- 075 八角茴香 Star Anise · · · · · · · · · 201
- 076 孜然 Cumin · · · · · · · · · · · · · · · · 203
- 077 香菜籽／芫荽籽 Coriander seed · · 205
- 078 花椒 Sichuan Pepper · · · · · · · · 207
- 079 肉桂 Cinnamon · · · · · · · · · · · · · 209
- 080 檸檬香茅 Lemongrass · · · · · · · 212
- 081 丁香 Clove · · · · · · · · · · · · · · · · · 215
- 082 番紅花 Saffron · · · · · · · · · · · · · 217
- 083 香草莢 Vanilla Bean · · · · · · · · · 220
- 084 肉豆蔻 Nutmeg & Mace · · · · · · 223
- 085 杜松子 Juniper · · · · · · · · · · · · · 226
- 086 辣椒 Chili peppers · · · · · · · · · · 228

Chapter 5 香料與台灣

087	台灣原生種香草香料入門	232
088	羅氏鹽膚木 Roxburgh Sumac	235
089	焊菜 Wavy bittercress	237
090	金錢薄荷 Ground ivy	239
091	水芹菜 Water celery	241
092	益母草 Oriental motherwort	243
093	魚腥草 Fish mint	245
094	月桃 Beautiful Galangal	247
095	艾草 Asiatic wormwood	250
096	山胡椒（馬告）Mountain Litsea	252
097	土當歸 Aralia cordate	254
098	土肉桂／山肉桂 Indigenous Cinnamon Tree	256
099	大葉楠 Large-leaved Nanmu	258
100	食茱萸 Ailanthus prickly ash	260
101	大葉石龍尾 Wrinkled Marshweed	262

參考資料 · 264

Chapter 1

與香料和香草
的初次見面

　　當我們在餐館順手抓了一瓶胡椒罐調味餐點，在盤中撒上一點辣椒，或是料理加入一些薑蒜調味，完成前灑上些蔥花，我們這一天的香草香料微旅行就開始了。這添加香草香料的的動作，可以代表著我們個人的經歷、喜好與知識，甚至延伸至一個國家的歷史與文化背景。

　　在還沒認識香草香料之前，它們或許看起來遙不可及，但只要稍作觀察，會發現香草香料其實就在我們身邊，只不過當我們要追求更高層次的料理技巧、更多元的風味，甚至想為料理呈現截然不同的面貌時，應用香草香料的知識就相對變得迫切且複雜，透過這一章，我們可以大致認識香草香料，並了解基礎使用與處理的技巧。

　　美國知名的社會心理學家丹尼爾‧吉伯特（Daniel Gilbert）曾說過：「幸福的祕訣在於有豐富多變的選擇，就像是運用香料一樣，關鍵是你必須要知道何時做對的選擇！」多麼好的比喻呀！

　　而回應丹尼爾‧吉伯特所說，選擇使用香料的過程讓人玩味，就像人生一樣，料理中沒有所謂絕對的香料，放膽嘗試，找出屬於自己的風味，呈現的就是幸福的滋味。就讓我們開始吧！

001

香料是什麼？

酸甜苦辣鹹，點綴食物的百味。

　　美國聯邦規則彙編（U.S. Code of Federal Regulations）給予香料的基本定義為「主要用來料理調味並帶有特殊香氣的植物或其部位」，它可能來自植物的果實、種子、花朵、樹皮、甚至是根部。

　　簡單的說，在鮮食料理上，香料能提供獨特的香氣、味道，可以掩飾或改變原食材的氣味，讓食物的鮮甜與香氣更加提升，也可以改變料理色澤，為嗅覺與視覺帶來極為顛覆的感受。

　　許多香料具有殺菌和防腐的功能，無論古今中外，常可見應用於醃漬與保存食物，此外，大多數的香料多富含鐵質、維生素、礦物質與抗氧化物質，可以增進體力，甚至幫助身體消化吸收其他食材的營養素。

　　香料獨特的氣味、營養與抗菌特性，成就了它在宗教慶典、醫藥和香水上悠久的價值。例如在五千年前，古埃及人使用孜然保存木乃伊；歐洲中古時期則記載使用孜然可以刺激情慾，於是婚禮上新郎新娘也會攜帶一點孜然取個好兆頭，這就是個典型香料同時運用在保存、醫藥、傳統慶典上的例子。

　　另外，在西元前十三世紀，黑胡椒被大量運用在保存拉美西斯二世的遺體，使其成了保存最好的木乃伊，其所含的胡椒鹼具有抗菌消炎的效用，長久以來人們相信它有極高的藥用價值，同時歐洲人對它的辛辣風味著迷，讓黑胡椒成了歷史以來最炙手可熱的香料之一。而紅椒粉則含大量維生素 A 與令人無法抗拒的鮮紅色等，類似如此一物

多用的例子數之不盡。

多數的香料可能是來自灌木、喬木，或來自對氣候、土壤環境敏感的植物的一部分，需要空間、獨特的溫溼度、土質與後製加工，所以它的地域性鮮明。

香料的地域性也深深地影響各地料理特色，例如原產於地中海區域的芫荽籽、罌粟籽與芥末籽，長久以來代表著該區域的料理特質與風味，而南亞的印度、斯里蘭卡等料理則常使用原產的薑黃、孜然、綠豆蔻、錫蘭肉桂等香料，前後兩者呈現的是截然不同的料理風格。香料，是料理中極為特殊的食材，它的運用代表著歷史，代表著知識，更代表著不同的文化風情。

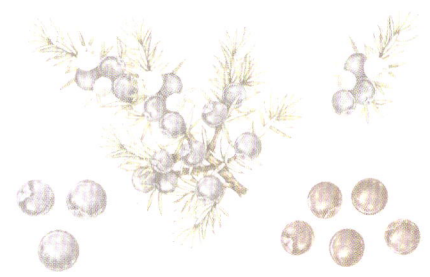

乾果或種子
（八角茴香）

假種皮
（肉豆蔻）

乾花蕾
（丁香）

樹皮
（肉桂）

雌蕊柱頭
（番紅花）

根和根莖
（薑）

香料植物
使用部位

樹脂
（阿魏）

002

香草是什麼？

是食物也是藥物,「藥食同源」的代表之一。

香草,是帶有特殊香氣、可食用的草本植物的葉片。作為西方料理不可或缺的靈魂佐料,香草可以新鮮食用或是曬乾保存,味道與香氣鮮明。除了少數如芥茉辛辣、薄荷清香或是茴香清甜之外,大多數的香草味道偏苦澀酸鹹。

這類的植物適合在氣候溫和的地方生長,如果在室內保持日照與適宜的溫度,也可以輕鬆種植,因此容易成為家庭植栽,比如芫荽、巴西里葉(洋香菜)、羅勒、薄荷、薰衣草等,讓人一年四季都可以享用。

作為一般食用前,各個香草身分地位可都是來頭不小,多數具有藥用價值而流傳至今,考古學家推測早在兩河流域古文明發展時期,人類便開始懂得使用香草改善身體各種疑難雜症,更有明確文字記載五千年前蘇美人便懂得運用月桂、百里香等香草增進健康。

中華文化裡也有許多香草使用紀錄,比如甜茴香(Fennel),在中國古代是治療蛇咬傷的藥品之一,而在古希臘時期,他們也利用甜茴香來刺激分泌乳汁,古羅馬人更將它視為家常保健聖品,戰士們食用它以強身健體,女人食用它改善經期不適,甚至成為古羅馬花園常見植栽,用以改善多種居家常見的不適症狀,如火燒心(胃酸過多)、小兒脹氣等。

改善食慾低落與明目護眼的簡易居家藥品,則是以大蒜為代表,相傳法老王讓建築金字塔的奴隸們食用大蒜,以確保有足夠的體力,

其抗菌消炎的功用,更成為北歐人自家可以簡易製備的消炎藥,改善喉嚨發炎等不適症狀,像這樣是食材也是藥材的香草不勝枚舉。

根據統計,可作為香草用途的植物約有700餘種,又會再根據各地衍生不同亞種,由於易於種植,是常見的家居植栽,因此也有很強的在地性,但即使是同一種香草,食用方法仍會依據地區而有所不同。

例如,西式的香草用法是少量多樣來點綴料理,使之成為沙拉中最搶戲的配角或烘烤料理的佐料,反觀中式的香草用法,常用的種類如蔥、薑、蒜,在炒菜時總是率先入鍋,大火爆香,而東南亞的香草用法也大相逕庭,以越南為例,香草可以說是蔬菜的一種,例如九層塔、香菜,常見於冷盤春捲中,並成為主要食材。而我們亞洲常見的九層塔與歐美慣用的羅勒,雖然可以互相置換,彰顯的卻是不同的家鄉味,也展現出香草所具有的在地特色。

雖然香草種類繁多，但多為綠色。
不過觀察它們的葉形、品味它們的香氣，才是樂趣所在。

003

香草、香料的重要價值①
——從科學角度來說

獨特的香氣是香草、香料的自我保護機制。

　　香草與香料並不是日常必吃的食物，甚至，根據文獻指出，在拉丁美洲玻利維亞的原住民（Sirionó）一輩子都不曾食用過香草與香料。而且，香草香料的療效雖然是由歷代植物學家與醫學家經年累月的研究與傳承，但並不是所有的香草香料在被發現的時候都被認為是有價值的，比如說在十七世紀時，一名學者尼可拉斯·寇佩珀（Nicholas Culpeper）形容蒔蘿有「糟糕的香氣」，一點食用價值也沒有，同時他也認為細香蔥味道不好，可能有毒，最好是有醫生處方才可以使用。

　　事實上，許多香料在未經處理之前，可謂是相當苦澀、難以入喉，若處理不當，甚至味如雜草，酸辣腥澀，那它們為什麼最後會出現在我們的飲食生活中？為什麼它們含有如此特殊的營養成分？

　　從科學角度來分析，香草與香料的獨特氣味與特殊的活性成分，是在成長過程中為了自我保護而發展的防禦機制。換句話說，植物難免遇到如病蟲害或環境壓力等危害，因此為了保護自己不受昆蟲或草食性動物的威脅，植物發展出特殊物質如多酚、烯類、萜類等，讓主要的天敵覺得難以下嚥，甚至造成嘔吐或死亡。

　　另外，植物為了抵禦細菌侵噬、適應土壤與自我修復，也會發展出抗菌與抗氧化物質，如此一來，雖然是同一物種，為了適應不同的風土，這片草地找到的香草和另一個山頭找到的，可能就會因地理不

同而有不同風味。

當然，香草的主要與次要天敵也會跟著演化，提升對該特殊物質的耐受性，因此，數萬年來的相互競爭，各物種間奠定了基礎的辨識模式。以人類為例，經年累月的演化，從祖先們開始嘗試不同的香草之後，逐漸發展出能辨識苦味與臭味的感官，來自我警示這一類的食物對身體可能有害，而其他對身體無害甚至有益的物質與氣味，則演變為令人愉悅的味道與香氣，並透過生理傳承與文字延續。

生理傳承有其特殊運作的機制，例如，大蒜含有豐富的抗菌物質，在還沒有冰箱的時代便常常應用在保存食物，當懷孕的母親食用含大蒜的食物後，嬰兒在羊水裏頭便可能已經嘗試過大蒜的味道，因此出生之後，便會將蒜味歸類為無害，甚至為此香氣與味道感到愉悅。曾經有科學家以此展開研究，讓懷孕婦女分成兩組，實驗組食用具有甘草香氣的食物，對照組則避免類似食物，待嬰兒出生後，實驗組的嬰兒明顯在聞到甘草香氣時，透露出愉悅的表情，科學家認為，這種在羊水對氣味的記憶，可以延續整個童年甚至到晚年。

因為特殊氣味讓天敵難以下嚥，甚至導致嘔吐或死亡。

004

香草、香料的重要價值②
── 從歷史角度來說

料理中身價不凡的關鍵配角

　　如今香草、香料隨手可得，但論及它們的來歷，卻有不少令人津津樂道的部分，例如，香料與大航海時代有什麼關聯？為什麼擁有令人癡迷的神秘魅力，可以貴如黃金甚至更勝？

　　以歷史文化的角度而言，在大航海時代之前，香料的知識都被掌控在少部分的人手裡，為了謀取暴利，他們賦予香料神秘色彩與稀缺性。比如，阿拉伯人將香料包裝成是在伊甸園裡頭種植或是需要度過重重難關才能抵達香料之地，一般人無法觸及，再加上多數香料如肉桂、丁香、肉豆蔻、薑與胡椒等並不適合在歐洲氣候生長，而成為商品的香草香料也無法再入土種植，因此讓歐洲人在自家種植的夢想幻滅，必須仰賴進口，讓取得的時間更加冗長，漫長的等待也使得香料更加迷人。

　　此外，在中古時期，大部分香料都需要長途運輸，比如說中東人騎著駱駝沿香料之路長途跋涉，或者是透過船運，從印度洋、阿拉伯灣等處上岸再轉為陸運進入歐洲，運輸的過程中不斷經手各地商人，所以價格也會不斷攀升，而為了確保有足夠的利潤，商人們只會選擇適合長途運輸且高價的香料。例如，肉桂的葉子原本是可以入菜的，但是在最早期的時候，為了確保有利可圖，葉子這種不耐保存的部位就不會被運輸，所以現在比較常見的肉桂是樹皮的部分。此外，當供應量不足或取得管道被限制時，價格也隨之水漲船高。

綜合上述，不論是藥理與生理需求，或者是因為歷史上的市場因素而影響心理需求，都讓香草與香料佔據了料理中非常特殊的位子，以用量來說，它們雖然只能是少量添加的配角，但是它們出色的風味與料理調性，讓它們得以左右料理的靈魂，再加上運用極高的料理技巧與知識，也讓盤中的美食呈現的不只是風味，更嚐到了當地的歷史背景、飲食習慣、健康需求與人文風情。

由於運輸過程中，經手不同商人，
也讓抵達歐洲的香料價錢越來越高。

005

香料與香草的差異大對決

相似又相異的香料與香草，不少種類都是「同根生」。

以料理定義而言，香草和香料指的都是來自植物，帶有獨特香氣或風味的調味品，通常只需要小量點綴，便能輕易的改變食材原有的色香味，甚至蒙騙我們的感官體驗。

以型態與植物部位來分，香草通常指的是草本植物的葉片，例如羅勒、迷迭香、鼠尾草、百里香、香菜、西洋芹等，並分為新鮮與乾燥兩種形式；而香料則多半來自果實、種子、根、莖、花朵、花苞、花蕊與樹皮，也就是葉片以外的部位，例如肉桂是樹皮、生薑是塊莖、黑胡椒與八角茴香是種子、丁香是花蕾、番紅花是花蕊等。

實際上，同一株植物，也可以同時扮演兩種角色，比如芫荽（Cilantro）和芫荽籽（Coriander）、甜茴香和甜茴香籽等，再者，香草香料的定義界線看似清楚，卻也有不少例外，所以有些學者主張不需要分得太明確。

多數香料與香草都有新鮮與乾燥兩種形式，乾燥的香草香料通常需要比較繁雜的後製作業，例如特殊的採集方式（人工摘採或過篩）、清洗、乾燥等，最終可以是型態完整或是磨成粉末的樣貌。使用上，由於乾燥香草香料的氣味是富含底蘊且耐烹調的，所以多半會提早加入料理程序，燉煮、烘烤、浸泡的過程可以加強與放大香氣、味道或釋放色澤，但如果是新鮮的香草香料，通常會在料理程序的後段才會加入，甚至生食，待料理完成後再灑上，以避免那些獨特的香氣因為高溫而揮發喪失。

此外，有的人可能會說乾的香草可以用來代替新鮮的香草，但那並不完全正確，因為部分有機物會在乾燥的過程中喪失，很可能逐漸變得與其他的香草或香料更相似。比如說新鮮龍蒿有一種類似八角茴香的香氣，但是在乾燥的過程之中，龍蒿內的大茴香醚（anisole）會因此揮發掉，氣味會變得較溫和而類似甘草的味道；因此，若需要替代物，可以依據使用的部位與烹調方式來尋找複合式的解決方案，比如甜茴香從球莖、莖、葉、花、果實都可以食用，若需要新鮮甜茴香的球莖的清脆口感，可以用芹菜莖代替，而香氣與味道，則可以使用同樣含有茴香腦（anethole）的八角茴香或甘草等來補償所需的氣味。

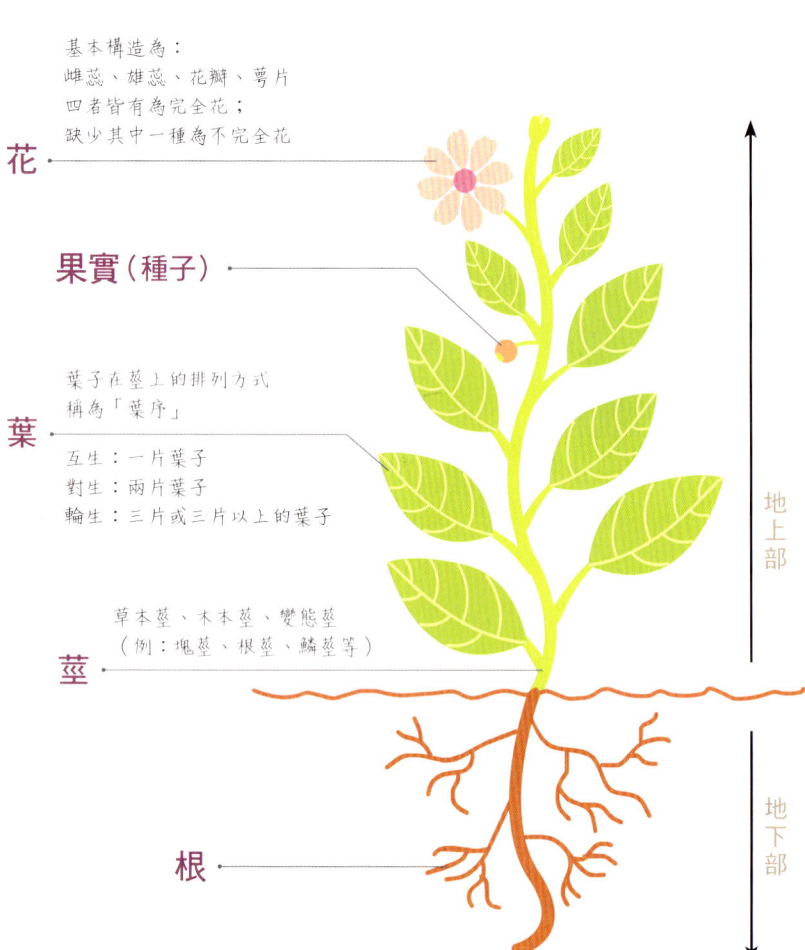

植物的構造

006
實用的香草處理手法①
——乾燥炮製與研磨粉末

透過不同料理手法,發現香料與香草的另一種獨到風味。

在家自製乾燥香草:

即使是同一款香草,新鮮與乾燥各有風味,在家自行乾燥香草,有趣又不浪費沒用完的新鮮香草。

1.自然乾燥法:

把香草連著莖部完整地的清洗並輕柔的擦乾,取 3～4 根同款的香草將之靠攏,用棉線把基部綁緊,再找個陽光充足的角落把它們倒吊起來,大約兩週可以完全乾燥,乾燥的過程像是家中的擺飾,非常賞心悅目唷!但因為台灣的氣候比較潮濕,製作時需要考慮氣候,如果天候不佳,建議用烤箱或微波爐的方式。

2. 微波爐乾燥法：

將香草葉平舖在盤子上，放入微波爐，每次加熱30秒，拿出來看葉片是否乾燥，如此反覆到香草乾燥為止，小葉片香草大約需要重複三至六次，約2～3

分鐘，大葉片則需要較久的時間，每次製作一種香草就好，以免造成因葉片大小不同而乾燥不完全的現象。

3. 烤箱乾燥法：

先將烤箱預熱至170～195℉／75～90℃，把清洗好的香草葉片擦乾或瀝乾後，一葉一葉平舖在烤盤上，放進烤箱維持在同一溫度約1小時左右，可以拿出來檢

小技巧

乾燥香草適合用在需要燉煮的料理上，有一點油水可以讓香味釋放的更好，但如果燉煮時間很短，可以將這些香草、香草粉末先放在手心搓揉一下，釋放一點香味再加入料理。

查,如果變成深綠且葉片摸起來清脆乾燥,就完成了,大葉片需要較久的時間,和微波爐製法的注意事項一樣,每次製作一種香草就好,不要貪快,以免造成因葉片大小不同而乾燥不完全。

輕鬆製造香草粉:

最簡單的方式是放入磨豆機或食物調理機打碎,但這樣也容易因過強的壓力與溫度破壞細胞壁而浪費珍貴的香氣,建議可以將乾燥好的香草葉片放進夾鏈袋中,密封好,需要用時再徒手壓碎,或者數量大時,可以密封好後用擀麵棍輕敲至細碎,因為葉片非常乾燥,所以可以很輕鬆粉碎,聽到葉片壓碎的聲音和過程也很舒壓唷!

007
實用的香草處理手法②
——新鮮處理

掌握保鮮期限,品味香草最新鮮的滋味。

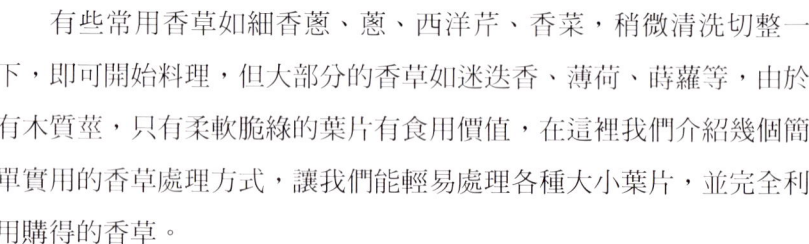

有些常用香草如細香蔥、蔥、西洋芹、香菜,稍微清洗切整一下,即可開始料理,但大部分的香草如迷迭香、薄荷、蒔蘿等,由於有木質莖,只有柔軟脆綠的葉片有食用價值,在這裡我們介紹幾個簡單實用的香草處理方式,讓我們能輕易處理各種大小葉片,並完全利用購得的香草。

新鮮香草的基礎處理方式:

1.清洗香草的方式:

使用新鮮香草前,建議先將葉片以清水沖洗後,用衛生紙或乾淨的布輕輕的壓乾,或者用蔬菜脫水器瀝乾。

2. 如何取下新鮮葉片：

- **方法 A**：無論葉片大小，都可以使用刨絲器或專門的蔬菜桿刮刀，將莖的基部穿過孔洞，往葉片的另一個方向用力拉扯，即可快速讓葉片脫離。
- **方法 B**：如果是莖部柔軟的香草，如鼠尾草、羅勒葉、甜茴香葉和薄荷葉等，可以簡單用手摘取即可。
- **方法 C**：如果是帶有木質莖的香草，也就是莖部粗糙的香草如奧勒岡葉、迷迭香、百里香等，可以徒手用一隻手抓住木質莖的頂部，另一隻手捏緊木質莖再順著頂部往基部的方向拉動，使葉片逆向，便可以快速取下葉片。

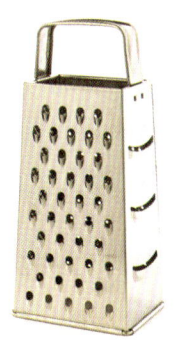

刨絲器

方法 B

葉片較大、莖部柔軟的香草，直接將葉片摘下來即可。

方法 C

葉子較小且厚實、莖部較硬的香草，則可以透過手勢輔助，以便快速摘採葉子。

008

實用的香料料理手法①
——折壓拍打／磨碎

拍一拍、壓一壓、磨一磨，
簡單的動作卻能夠讓香料綻放更多香氣！

事先處理香料可以幫助釋放香氣，同時減少不必要的苦腥味，讓美食更加分，以下幾種基礎料理手法，可以幫你應付大部分的料理！

● 折、壓、拍、打

這個手法常見於新鮮帶有粗纖維的香料，例如香茅、薑、南薑等，以香茅為例，先將粗糙乾燥的葉片末稍切掉，清洗乾淨後整支香茅放在砧板上用刀或肉錘拍壓出裂縫，這可以幫助香茅在燉煮過程中釋放更多香氣，煮完後也可以將完整香茅輕易取出，避免在料理內殘留不必要的粗纖維。

● 磨碎、敲碎

　　有些香料是完整原型或原粒，例如原粒的胡椒、整顆的肉豆蔻、整根的肉桂、丁香等，為了釋放香氣，需要先將之磨碎，研缽是磨碎這些香料的最好的工具，釋放的香氣最為醇厚，咖啡磨豆機也是不錯的選擇，若想使用食物調理機，必須要注意該調理機是否可以承受，因為有些香料很硬，可能會傷害食物調理機的刀片。

　　如果遇到需要長時間燉煮的料理，我們不用將香料磨得太碎，可以用擀麵棍、研缽棒或肉錘等簡單稍微敲碎就可以了，在這些過程中，我們也可以享受香料所釋放的香氣，並且在處理的過程中，找到適合該道料理的香氣濃淡。

009

實用的香料料理手法②
——焙炒／浸泡

在丟到鍋中料理之前，讓香料多經過幾道手續，
才能釋放香料的最大魅力！

除了透過「折壓拍打」或是「磨碎」香料，引出它的香氣以外，也可多安排幾個料理步驟——像是「焙炒」或是「浸泡」，發掘出香料另外的魅力。

● 焙炒

焙與炒是兩種不同的手法，常用於孜然、八角、豆蔻、胡椒、杜松子、芥末籽等類型的香料。

「焙製」（Toast）是在烤箱中不加油，直接將香料等加熱釋放香氣；而「炒製」則是利用炒鍋炒過香料，可以讓氣味更加突出。一般使用中火，待鍋熱後下香料，若為小量，焙炒約6到10分鐘，聞到濃厚的香氣即製作完成，可以先盛出放涼，作為後續的使用。

● 浸泡

　　事先將香料浸泡於溫水或酒裡，可以幫助香氣釋放。浸泡的過程中，要確保香料已經軟化，並且將珍貴的芳香物質溶入浸泡的液體中。浸泡的手法在中式料理中比較常見，與將酒精作為中藥的藥引概念有關。

　　如果是溫和甜香型的香料如丁香，可以用冷水或溫水先浸泡20分鐘，出香慢的如桂皮、八角等，可以浸泡久一點，再進行料理下一步驟。如果是辛辣型的香料，比如花椒、肉豆蔻等，中式料理常見先以白酒或米酒浸泡，去除苦味與其他雜味再進行料理。

　　而在西式作法中，若是需要長時間燉煮的料理，通常會省略浸泡的程序，直接將香料加入鍋中，隨著燉煮一起慢慢釋放香氣，若遇到燉煮時間較短，例如番紅花用於燉飯時，則可以將香料先用溫水浸泡，軟化與釋放香氣後，連著溫水一起在料理的中後段時再加入烹調，以保留香氣。

010

香料、香草的使用目的

角色多變、功能多變的香料與香草，
才能創造出料理的百變！

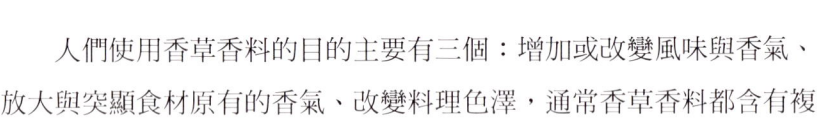

人們使用香草香料的目的主要有三個：增加或改變風味與香氣、放大與突顯食材原有的香氣、改變料理色澤，通常香草香料都含有複合的功能，可以同時擁有兩到三種特性，傳統的分類將香草香料分為以下方向：

類型		代表香草、香料
調整口感	辛辣	胡椒、辣椒、芥末、紅椒、山葵、薑、丁香
	溫潤增加喉韻	芫荽籽、甜椒、番紅花、杜松子、芝麻、孜然
	提升酸度	檸檬葉、漆樹（鹽膚木）、檸檬香茅、香蜂草、山楂
	微苦味	西洋芹、女真子、刺山柑、月桂葉
	煙燻味	紅椒粉
賦香		胡椒、丁香、孜然、蒔蘿籽、甜茴香籽、肉豆蔻、肉桂、葫蘆巴、長胡椒、綠豆蔻、月桂葉
著色		薑黃、紅椒粉、辣椒、肉桂、番紅花
蔬菜類香草		百里香、羅勒、青蔥、大蒜、細香蔥、蒔蘿

分類上而言，沒有絕對的黑與白，料理的使用常為複方，以呈現色、香、味、形、意，面面俱到的美好佳餚。

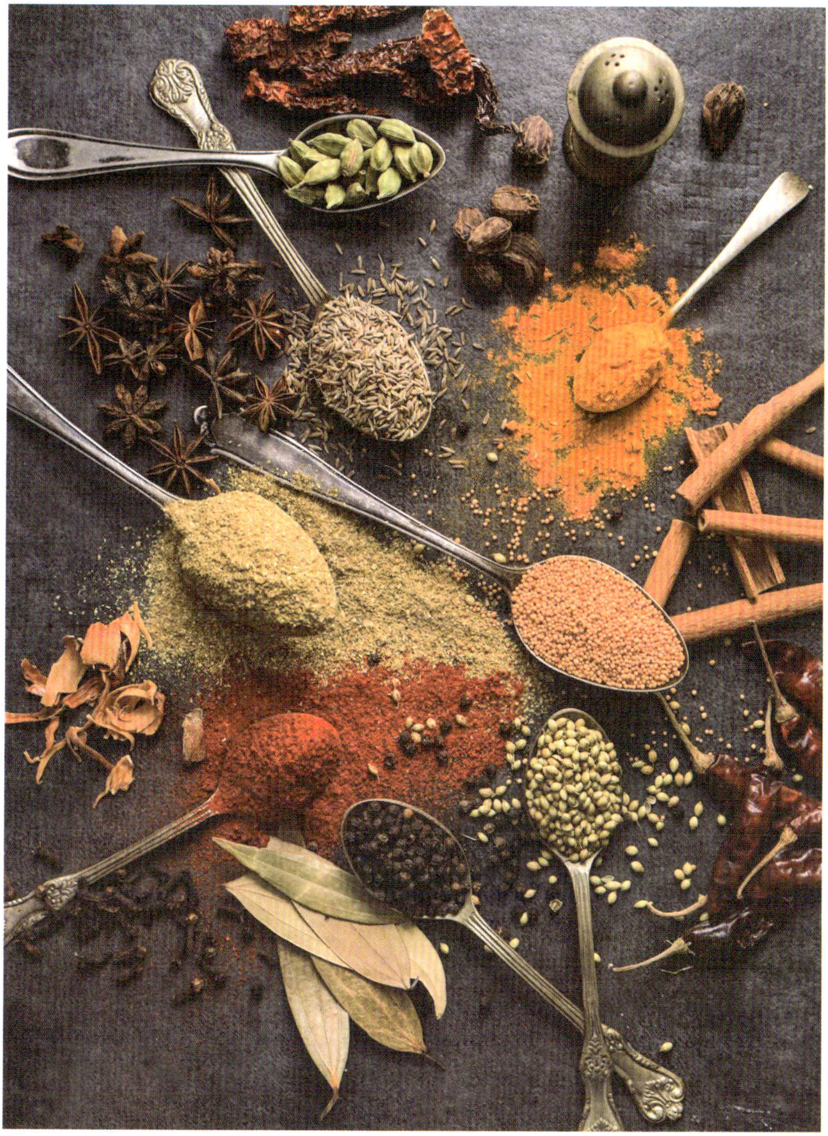

011

香料的取用部位

擁有豐富多元氣味的香料，來自植物不同部位的香料

　　香辛料獨特的香氣大多表現在葉子、莖部或根部，也因為來自不同的部位，造就它們獨特豐富又多彩的樣貌，圓圓的外型多半來自果實或籽，長棍狀如筆桿的肉桂來自於樹皮，原型的香料可以讓香氣保存的更久，保存期限比較長。

　　我們也時常可以看到搗碎、切片或磨成粉的香料，愈細碎香氣愈顯著，粉狀的香料最能均勻的散布在料理當中，但保值期最短。此外，如果是葉片型的香料，通常不直接食用，比如月桂葉、咖哩葉與檸檬香茅，我們在料理的時候可以稍微撕碎或拍打，氣味能釋放的更好，但食用時都必須要將之挑出來，否則誤食的苦味與粗纖維會使整體料理呈現的感官扣分。

以下是常見的香料取用部位分類：

阿魏 Asafoetida	Spice	根
薑黃粉 Turmeric Powder	Spice	
甘草 Licorice	Spice	

薑 Ginger	Spice	塊莖
南薑 Galangal	Spice	
三奈／沙薑 Cancur/Sand Ginger	Spice	
生薑 Fresh Ginger	Spice	
老薑 Dried Ginger	Spice	

八角茴香 Star Anise	Spice	果實
胡椒 Pepper（黑胡椒／白胡椒）	Spice	
花椒 Sichuan Peppercorn	Spice	
紅椒粉 Paprika	Spice	
辣椒 Chilli	Spice	
羅望子/酸豆 Tamarinds	Spice	
萊姆 Lime	Spice	
香草莢 Vanilla Bean	Spice	
杜松子 Juniper Berry	Spice	

肉豆蔻 Mace	Spice	果皮
陳皮 Dried Tangerine Peel	Spice	

肉桂 Cinnamon	Spice	樹皮

大茴香 Anise	Spice	籽
小茴香/孜然 Cumin	Spice	
豆蔻粉 Cardamom Powder	Spice	
芥末籽 Mustard Seeds	Spice	
葛縷子 Caraway	Spice	
小豆蔻/綠豆蔻 Cardamom	Spice	
肉豆蔻 Nutmeg	Spice	

丁香粉 Clove Powder	Spice	花蕾
番紅花 Saffron	Spice	花蕊

檸檬香茅 Lemongrass	Spice	葉
咖哩葉 Curry leaves	Spice*	

蒜 Garlic	Spice	鱗莖

012

在料理中擔任的角色

去除腥味、調味與上色，喚起食物最大的美味！

　　通常一種香草香料不會只扮演一個角色，也鮮少單獨使用，就像是交響樂一樣，有時候由一種樂器一枝獨秀，但更多時候是與多種樂器一起產生共鳴，而香草香料主要扮演的料理角色有以下三種：

1. 去腥、掩飾氣味與改善肉質

　　去腥與掩飾氣味是香草香料最原始的使用目的之一，在中古世紀的歐洲，窮人使用香草香料來處理有腥味的肉品，常用於西式料理的芥末籽、鼠尾草、羅勒、甜茴香、薄荷、迷迭香、孜然與百里香等都曾是為了掩蓋魚肉的腥羶味，甚至改善某些蔬菜的酸澀口感而使用，亞洲料理則常用八角、丁香、胡椒等去除腥羶味。此外，將肉品先用洋蔥、阿魏、大蒜和薑醃漬，不但可以去腥與增添風味，更可以軟化肉質。

2. 調味與賦香

　　使用香草香料調味是現代料理最常見的目的，複合式的運用又比單方更常見，可以整合風味，襯托出料理的鮮甜，比如肉豆蔻、八角、紅椒粉等醇厚溫潤的氣味，增加了料理的層次感，口齒留香；在烹調完成後隨意撒上一些白胡椒、青蔥等，可以為佳餚增添畫龍點睛的效果。

　　辣椒、花椒等辛辣的香料，甚至可以完全改變料理的香氣與感官體驗，又如肉桂本身獨特的甜香氣味，在製作麵包、蛋糕、蘋果派，

甚至喝咖啡、熱可可的時候都可以使用，簡單地撒在上面就好，即使用量不多，但若是省略了，似乎就讓料理少了靈魂。

3. 調色

調色是烹飪技巧中最有趣的一環，擔當調色重任的常見香料有番紅花、薑黃、梔子花、紅椒粉等，這些具有上色效果的香料香草，同時可以為料理增香與增味，如西班牙煙燻甜紅椒粉，色澤鮮紅，口感溫潤，底蘊醇厚，加入燉湯、燉飯，不單是視覺上的呈現效果，入口時的煙燻味與入喉時的回甘，更為料理加分不少。

香草香料的添加時機，決定了料理是否成功，一般而言，香草適合在烹調過程快結束或是已經結束後才會撒上，以免喪失風味以及避免烹煮過久而產生苦味，而用來上色與已磨碎的香料很容易釋放香氣，不需要久煮，因此也可以在烹調中、後段，甚至烹調結束後再撒上即可。

原型、整粒的香料和月桂葉、檸檬葉這種樹葉類的緩釋型香料，便適合用在長時間燉煮的料理，在烹調一開始就可以加入，讓香氣能更融入料理之中。若是製作沙拉、沙拉醬等，需要緩釋型的香料，可以先將香料泡在醋或油中再使用；若是將它們用在醃漬去腥，也要注意該香草香料是否適合上述料理，或是香料有過粗的纖維，可以在醃漬完畢後，用手輕輕將醃漬過的香草香料挑開，再開始烹調。

此外，有一個小技巧，關於香草香料的用量，時常是因料理與烹調者而異，但初學者面對小量食譜卻需要大量製作時，要記得香料並不可以等比例增加，比如原本的食譜是適合4人份的，需要添加1小匙的甜紅椒粉，當我們改成做8人份時，甜紅椒粉不可以直接變成2小匙，可能1.5小匙就已經足夠，建議在對該食譜沒經驗時，香料的添加應該要逐步、保守的嘗試。

香草香料可以去腥、掩飾氣味與改善肉質。

中古世紀的歐洲早已使用香草、香料來處理肉品。

調味與賦香，香草香料甚至可以改變一道料理的感官體驗。

適合長時間燉煮的香料，可以在一開始就加入鍋中。

調色是香料另一個重要的功能。

013

料理以外的事① ——保健強身、茶飲與精油芳香療法

除了食用以外，香料香草在日常生活中扮演的多重角色。

　　香草香料除了可以提升料理的美味之外，還有許多讓人意想不到的功用與角色，它們在宗教、慶典上常具有特別的含意，而世界各地的民俗傳統醫療也多涵蓋香草香料，不是為了調和風味，而是它們在健康上的確有許多益處，可作為家常用的保健強身良方，也能保存食物、減緩腐敗速度。

　　另外，香料香草可以製成芳香精油、香水，更可以驅蟲除害，一物多用的本領讓它們被流傳至今，以下我們以科學的角度看看各個功用與背後的原因：

● 保健強身

　　青蔥可以幫助唾液分泌來幫助消化，老薑能幫助身體驅風祛寒，洋蔥、大蒜可以緩解輕微的鼻塞鼻炎，肉豆蔻和肉桂可改善消化等。當香草香料被視為天然食用藥物時，多半是歸因於本身具有的次級代謝物所形成的特殊功效，植物代謝過程會產生次級代謝物，已有許多研究投入探討這些化合物對於脂質代謝、血糖調節、抗氧化、促進消化等的功能。

　　最知名的即是多酚化合物（phenolic compounds），而香草香料強烈的風味大多是因為具有高含量的揮發性多酚，當遇到成長逆境時，其多酚的含量就會更高。多酚能幫助身體清除那些造成發炎的自

由基、螯合金屬離子以及增強抗氧化酶的活性，曾經有科學研究（Reddy and Lokesh, 1992）測量薑黃素（薑黃）、辣椒素（辣椒）、胡椒鹼（黑胡椒）、薑油（薑）、芳樟醇（芫荽）和孜然醛（孜然）等，發現它們皆具有抗氧化能力。

此外，薑黃素更能在pH值中性至酸性時展現多種抗發炎特性（Sharma et al., 2005），也有研究指出，辣椒素可以輕微抑制胃酸分泌，改善胃黏膜損傷或潰瘍的情形（Mozsik et al., 1997）；類似的研究與應用不勝枚舉，香草香料對於改善健康與強身健體上，有很重要的貢獻。

● 茶飲與精油芳香療法

許多香草香料都可以製成茶葉沖泡飲用，也能製成精油直接塗抹或添加於保養品、香水、香皂等，這一大類的用法常歸類於民間非正規的療法，例如香蜂草、鼠尾草、薰衣草、肉豆蔻、肉桂、罌粟籽、聖羅勒等具有安神紓壓、減緩頭痛、改善失眠、穩定情緒等功用。

薄荷可以醒腦紓壓，丁香可以去除口臭，肉桂、鼠尾草、甜茴香、薑、肉豆蔻、胡椒、薄荷等可以幫助血液循環，並有催情效果。

在家種植香草也是一件賞心悅目的事，透過在家中擺飾香草盆栽來提升生活品質與增加視覺的享受，同時能聞到香草帶來的香氣，能讓人舒緩緊張的生活壓力，放鬆身心，也是垂手可得的乾淨自家種植食材，可謂一舉數得唷！

早期香氣對身心的療效，大多依據傳統醫療；但隨著近年研究發現，芳香療法不僅有安定心神、放鬆情緒，甚至有促進記憶的療效。

許多香草都可以製為茶飲。

014

料理以外的事②
──保存食物、病蟲害防治

香料、香草的特殊香氣不僅能夠驅蟲，
更是先人們用來保存食物的良方。

● **防腐、保存食物**

　　在冰箱還未發明時，使用香草香料保存食物是常見的做法。工業革命之後，速成的人工防腐劑逐漸增加，讓人們逐漸捨棄這些老祖宗的智慧，但近幾年來天然飲食當道，進而催生許多科學研究，重新探索香草香料在食物保存上的適用性。

　　像是香草香料多元的次級代謝物經過萃取後，以精油的方式實驗證實有很好的抑菌效果，再加上多酚極佳的抗氧化力，讓香草香料成為最天然的食物保存法寶。研究指出，大蒜、細香蔥、黑豆蔻、芫荽籽、白芥末、丁香與香芹籽具有很好的大腸桿菌抑制能力，墨西哥亞種的奧勒岡葉、鼠尾草、山椒對沙門氏菌也有拮抗效力，不過，儘管已經有相當多的食物保存研究，仍只有少數被實際運用，比如使用迷迭香精油保存肉品；這些抗菌效果除了在保存食物上具有貢獻外，也常用於傳統民俗療法的改善腹瀉、消化系統潰瘍、抗發炎等，但我們並不鼓勵讀者在家實驗，香草香料的應用雖然被認為是大致安全的（Generally recognized as safe, GRAS），我們仍舊需要專業與大量的知識來確保使用的正確性，並經過相關衛生單位核定，比如在美國，這一類的應用就是由美國的 FDA 食品藥物管理局監管。

● 病蟲害防治

部分香草香料的抗菌效果可以幫助田間的作物免於致病微生物的危害，獨特的氣味也可以驅趕昆蟲。以迷迭香為例，迷迭香的精油萃取可以抑制六種微生物，其中包含革蘭氏陽性菌、陰性菌以及真菌（Pauli and Schilcher ,2009），同時也可應用於驅除蚊蟲，經實驗證實，迷迭香精油不同濃度下對蚊子、二點葉蟎、桃蚜、鐵線蟲等具有忌避作用，讓小蟲不喜歡靠近田間作物。

薄荷、蔥、蒜、九層塔等，也都對部分昆蟲有忌避作用，是很好的天然農藥。居家使用也可以幫助提升生活衛生品質，例如薄荷、迷迭香、薰衣草和羅勒葉可以驅趕蚊蟲，月桂葉、斑蘭葉、迷迭香可以驅趕蟑螂。

使用香草香料防治病蟲害可以說是一舉數得的良方，因為它們屬於食品，不用擔心種植的安全問題。在田間種植方面，可以減少農藥使用、具生物可分解性、環保、能提升環境生物多樣性，也可以幫助農民收穫多元的農產品；在居家種植方面，它們是垂手可得的新鮮食材，同時芳香氣味也讓人有愉悅好心情！

香草及香料可用來保存食物。

015
料理以外的事③
—— 染色

形狀多元、顏色豐富的香草與香料，
也是最天然的染色劑。

● 染色

　　原住民文化可見的刺青或者是布料的染色也屬於香草香料的應用，事實上，這個意想不到的生活應用，在歷史上非常重要，在大航海時代之前，各國都有屬於自己的布料染色技術，這些技術通常都是國家最重要的機密，也是該國重要的經濟來源之一，當時使用的顏色就是天然植物所帶有的顏色。

　　到了大航海時期，一些方便種植的香草被帶到新世界試著種植，再利用當地便宜的人力或者說「奴隸」採收，不過製成染劑的技術依舊被掌握在舊世界的大國手裡。一直到工業革命之後，人工染劑的發明才逐漸取代了天然的染劑。雖然如此，植物染劑所能夠染出的顏色，遠比人工染劑要來得持久，對毛料、棉花、絲質的布料附著性比人工染料好很多，耐洗、持久且顏色自然，因此，即使在現代，人工染劑仍然是比不上天然染劑。

　　番紅花是最著名的昂貴染色香料，中古世紀時，波斯人使用番紅花花蕊來做為經典橘黃色染料，花瓣做出藍紫色的染料，主要使用在貴族們的絲質布料與高級地毯製作上，價格非常的高昂。後來阿拉伯人征服西班牙伊比利半島的時候，將番紅花的種植技術帶到西班牙，讓西班牙現在成為番紅花的生產大國之一，不過因為人力密集的採收

方式,以及只使用極為稀少的可用部位(花蕊),到現在為止,番紅花依舊是全世界最貴的香料,也僅有少部分能作為染料。

在此也列出一些能夠作為染料但價格比較平易近人的香料,這些天然的染料除了可用在布料的染色之外,也可使用在復活節的彩蛋繪畫上,簡單水煮萃取,就能有鮮艷的顏色,安全可食用,非常好玩!

- 深金色:薑黃根粉
- 紅褐色:辣椒粉
- 棕色:肉桂粉
- 淡橙色:咖哩粉
- 橙色:紅椒粉

香草與香料早期也經常作為天然染料使用。

016
混合香草香料①
——義大利香料

混搭新滋味，帶你來一場味覺的世界之旅！

　　各地經典的混合香草香料最能代表著當地喜歡且習慣的飲食口味，同時，香草香料背後帶有的營養價值，時常也幫助人們改善健康。所以，使用混合香草香料是體驗異國風情最快的方法之一，這裡我們選了一些全球經典並且台灣容易取得食材的混合香草香料，讓你可以自己在家動手做，也可以依照個人喜好隨意調整比例，變成專屬於你的私房香料唷！

● **義大利香料**

　　義大利香料是著名的地中海型混合香料，內容物包含羅勒、奧勒岡葉、香菜、迷迭香、百里香和鼠尾草，無論是用在魚肉、義大利麵或是沙拉都非常的適合，也可以作為醃漬肉品的調味料，這一款混合香草萬用百搭，溫和清香，是地中海地區，尤其是義大利，家家戶戶必備的廚房調味法寶。

調製比例

乾羅勒	1 匙
乾奧勒岡葉	1 匙
乾香菜	1 匙
乾迷迭香	1 匙
乾百里香	1 匙
乾鼠尾草（若無，可省略）	1 匙

017
混合香草香料② ——中東Za'atar混合香料

擁有前、中、後段香氣的混合香料,深度體驗中東口味。

● 中東Za'atar混合香料

　　Za'atar是中東、北非、土耳其和部分東歐地區常用的混合香草香料,主內容物有孜然粉、奧勒岡葉、白芝麻與漆樹(鹽膚木),有的食譜會再添加馬鬱蘭與百里香,同時Za'atar也因為具備抗發炎與抗菌能力而被當地人視為具有醫療價值的混合香料。

　　這個配方代表著前人的智慧,就像是香水一樣有前、中、後段的香味,用前段的奧勒岡葉的清新香氣與漆樹的檸檬果香,帶出芝麻的核果味後,再由渾厚溫潤的孜然讓齒頰留香,混合這款香料需要稍微繁複的步驟,先將原型的孜然籽放在煎盤焙烤出香味之後用研缽搗碎,再與其他香料混合,適用於各式料理,直接撒上即可,因為含有油脂,混合好後應盡量在一個月內食用完畢。

調製比例

孜然籽	1 匙
奧勒岡葉	1 匙
白芝麻	1 匙
漆樹	1 匙
墨角蘭（若無，可以省略或是增加百里香的份量）	1 匙
百里香	1 匙
鹽	適量

018

混合香草香料③
——埃及杜卡香料

富含油脂及營養的杜卡香料，是埃及的家常口味。

● 埃及的杜卡香料 Dukkah

烤堅果、孜然、芝麻、乾香菜粉，並加上少許鹽巴調味，光是用想像就讓人唾液分泌的杜卡Dukkah（又名Duqqa），是埃及人的家常，是混合香料、類抹醬，也是不可或缺的活力補給。

Dukkah的字源來自於阿拉伯語的重擊式的壓碎搗碎，原因就在於它需要將所有的原料絞碎混合。根據1836年出版的《An account of the manners and customs of the modern Egyptians》一書記載，杜卡起源於古埃及的農民食品，經常摻著Za'atar、馬鬱蘭或薄荷，填充於皮塔餅（pita bread）內或成為麵包沾醬食用，因此，除了上述主要成分外，常見混合其他香料、香草，家家戶戶都有自己的獨門配方。

因為堅果芝麻的油脂，讓成品是看起來是黏黏的粗粉，但不是膏狀，可用作魚、肉、沙拉配料，也可以混著橄欖油或其他沾醬如鷹嘴豆泥等，成為更華麗的料理沾醬。由於其高蛋白質和脂肪含量，它可以提供勞工農民們一整天的營養，而現在皮塔餅配上杜卡香料，已成了埃及常見的街邊小吃。

調製比例

烤堅果*	1 杯

*榛果是此處最常見的堅果食材,但也可以使用核桃、開心果、杏仁,甚至混合

白芝麻	4 匙
孜然	1 匙
乾香菜	1 匙
黑胡椒	0.5～1 匙
Za'atar（也可省略）	1～2 匙

019

混合香草香料④
——印度馬薩拉香料

家家戶戶都有，但卻不盡相同的獨門口味！

● 印度馬薩拉香料 Garam Masala

如果你到印度走一趟，你會發現到處都有馬薩拉香料，但是內容與口味卻都不盡相同。事實上，Masala指的是混合香料的意思，各家各戶都有自己的獨門秘方。

而若加了Garam，在印度文中就是「暖」的意思，指的是以阿育吠陀醫學的角度而言，這一大類的混合香料是可以暖身的的配方，內容物涵蓋範圍很廣，從三樣到三十樣都有，最基本常見的香料為豆蔻、肉桂、丁香，常見的額外添加有孜然、芫荽籽、茴香籽、月桂葉、八角、肉豆蔻、黑胡椒、薑粉等，甚至更多。

馬薩拉香料利用各式香料抗氧化、抗菌、抗發炎的特色，可以用於祛寒、暖胃與幫助消化，這一款香料受到中東、蒙古過去貿易與征戰後的文化影響，是北印度歷史悠久且百家爭鳴的混合香料。製作這一款混合香料的重點在於每一個香料都要先炒過，再磨碎混合，香料製作完成之後，可以添加於各式肉類、蔬菜料理，甚至加在茶飲當中。

調製比例（簡易版）

肉桂	2 根
綠豆蔻	1～2 匙
丁香	2 匙
黑胡椒	1 匙
月桂葉	2 片

將各式原型香料各自炒焙、研磨後，再混合所有材料。

020

混合香草香料⑤
——英國咖哩粉

來一道我們最熟悉的異國風味。

● 英國咖哩粉 Curry Powder

　　咖哩粉是一款是來自印度卻非常英國的混合香草香料，根據莉琪・科林漢（Lizzie Collingham）所寫的《咖哩：廚師與征服者們的故事》（Curry: A Tale of Cooks and Conquerors）一書，咖哩粉的原型來自前述的馬薩拉香料，當英國人殖民印度時，也愛上了印度混合香料的味道，但是馬薩拉的配方各個廚師都不同，各個都是獨門祕方，於是英國人只好取用廚師們常用的香料直接混合模擬，進而發明了咖哩粉。

　　Curry 取自印度泰米爾語的 Kari，意即「混合醬汁」，同時期英國又往美洲擴張，將咖哩粉也帶到了美國，在美國落地深根的英國人更陸續研發及改良了咖哩粉，並出現於當時多本暢銷食譜書中，終而瘋迷全美，並延伸其感染力到日本，之後結合在地特色，出現了日式咖哩。

　　事實上，咖哩粉的配方至今依舊沒有統一，各品牌的成分依舊不盡相同，但可以歸納出常見原料如：洋蔥、薑粉、大蒜、小豆蔻、肉桂、丁香、芫荽、孜然、茴香籽、胡蘆巴、芥菜籽、黑胡椒和紅辣椒（辣椒）和薑黃，且適用於燉煮各式肉類與蔬菜料理。

調製比例（簡易版）

薑黃	1匙	洋蔥粉	1匙
肉桂	1匙	大蒜粉	1匙
孜然	1匙	小豆蔻	1匙
芫荽籽	1匙	丁香	1匙
薑粉	1匙		

將各式原型香料各自炒焙、研磨後，再混和所有材料。

021
混合香草香料⑥
——美式肯瓊調味香料

見證族群歷史的美式香料。

● 美式肯瓊調味香料 Cajun Seasoning

源自美國路易斯安那州，肯瓊混合香草香料來自法國的殖民者的後裔——阿卡迪亞（Acadian）族群，是美國風靡的調味香料之一。他們的料理常以當地食材為主，到了美國之後，就地取材，以紅椒取代了原本在法國時常使用的紅蘿蔔，更加入了卡宴辣椒和黑胡椒，並留下最重要的料理三元素：西洋芹、洋蔥、青椒，成了獨具特色的阿卡迪亞風格料理。

但由於阿卡迪亞族在十八世紀時，因為不願意對大英帝國宣誓效忠，因此大量族人被就地屠殺，躲過一劫的族人多逃到了路易斯安那州，而為了避免「阿卡迪亞」的稱呼太過張揚，他們便自稱為肯瓊人（Cajun），他們常用的香料風格，被稱為肯瓊香料（Cajun Spices），常包含黑胡椒、白胡椒、辣椒、洋蔥粉、大蒜粉和甜椒粉，並可以再隨自家口味進行變化，適合用於魚、蝦、蟹等海鮮與肉類料理。

調製比例

黑胡椒	1匙
白胡椒	半匙
卡宴辣椒	1匙或隨意
洋蔥粉	1匙
大蒜粉	2匙
甜椒粉	2.5匙

022

混合香草香料⑦
——中式五香粉

中式料理少不了的一味,記憶中的好味道。

● 中式五香粉

　　五香粉,顧名思義就是含有五種基礎香料的調味粉,雖然各家配方都不同,甚至可以超出五種香料,但不可或缺的要角仍可以歸納出花椒、八角、桂皮、丁香、小茴香籽,比例依舊會根據自家的獨門食譜進行調整,而陳皮則是常見的提味配角。

　　這基礎的五香組成代表著華人老祖宗的智慧,是一款可以同時體驗酸、甜、苦、辣、辛的混合香料,而且由於各種香料同時也是藥材,以中醫角度而言,正統的五香粉同時也有祛風理氣、健胃整腸的功效,料理上最適合應用於長時間燉煮的料理,但煎、炒、燒烤、醃製也都適用,無論魚肉或是蔬菜都可搭配,是亞洲前三大最受喜愛的香料。

調製比例

花椒	4匙
八角	2匙
桂皮（可用肉桂粉取代）	2匙
丁香	2匙
孜然籽	1匙

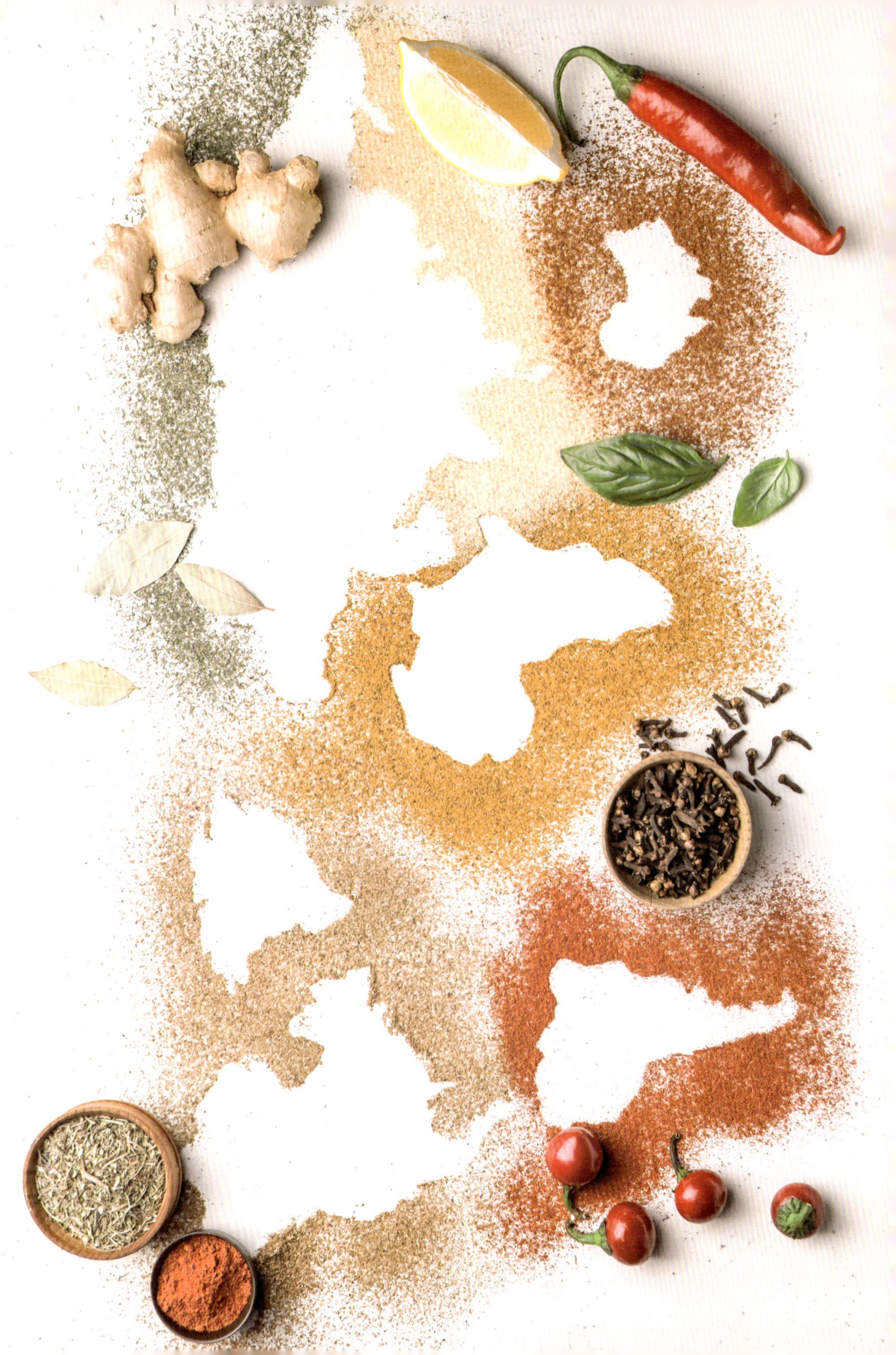

Chapter 2

香料、香草的世界史

「我並不急於檢視這裡的一切，因為這花上五十年都無法完成，我的願望是盡可能地去發掘，並有神的引路讓我在四月回到殿下身邊。但事實上，如果我遇到大量黃金或香料，我會盡可能地收集完成才離開，目前，我只是為了尋找它們而繼續前進著。」

哥倫布，1492 年 10 月 19 日

　　以上是哥倫布航海探險抵達新大陸後，寫給西班牙伊莎貝拉女王的日記。一開始，他循著馬可波羅的遊記，想探尋充滿黃金屋頂的日本、想開發新路徑找出遊記中比印度更加遙遠的香料群島──因為當時的歐洲人為香料瘋狂，無論擁有香料或是黃金，都是財富的象徵。

　　他就這樣向西班牙王室提出這個瘋狂的計畫，獲得了伊莎貝拉女王的支持，並典當了她的首飾作為航海資金，哥倫布不負所望，成功發現了新大陸，帶回黃金、當地珍奇的鳥獸、植物、香料與當地原住民等以示所獲，也為西班牙的版圖拓展打下根基，成為了第一個日不落帝國。

　　香草香料在歷史上一直有著非常特殊的地位，在宗教、醫藥、薰香、染料與防疫上不可或缺，而香料更發展成珍貴料理佐料，讓人著迷，甚至一度與貨幣齊名，並為日後的資本主義奠定基礎。

　　香料的開端是真實與謊言的結合，它撫慰了人心，也帶來了戰爭，煽動著貪婪與躁動的心靈，這一切的一切，還得要從頭說起。

023

香料香草簡史
──歷史定位

在歷史的長河上，
香料與香草有著豐富的故事與多變的定位。

早在西元前5000年的兩河流域，就以楔形文字記載了如百里香、芝麻、豆蔻、薑黃、番紅花、大蒜、孜然、芫荽、蒔蘿和沒藥等這一類在環境周遭可得的芳香植物，它們具有料理、宗教與醫療用途，是香草也是藥草。西元前3000年的古埃及便有專門訓練植物學者的香草及藥草學校，西元前2700年左右的東方，也出現了神農氏嚐百草，並流傳下各種可作為藥用的特殊植物，其中包含甘草、肉桂等。

這些經常出現在我們現代料理中的香草香料，在古代都必須小心翼翼地使用，因為對當時的人們而言，香草香料特殊的氣味除了可以用來調味、增進健康，更是改善疾病的重要元素，尤其在舊時的西方社會，多將香草香料特殊的功效穿鑿附會歸因於鬼神，並在宗教、巫術上使用。

這類的迷信流傳了數千年，甚至在現今社會仍可見，幸好歷史上仍有許多學者、園藝學家、醫學家等致力以客觀的角度來記錄與探究香草香料的醫療用途，比如中華歷史上有出色的中醫流傳千年，以客觀的角度來看待多數的特殊芳香植物，從神農本草經到明朝李時珍的本草綱目，香料香草的紀錄一直是與中藥密不可分。

除了醫藥上的使用，薰香也是重要應用之一，早在魏晉南北朝時期，便流行使用帶有藥效的香料製香，透過焚香來除蟲、營造氣氛、

改善生活環境品質與健康；唐朝時期，製香技術更出神入化，使用的香料多同為中藥材如檀香、桂皮、麝香、丁香、沒藥等製成的「合香」，而且專香專制，意即要按照場合使用，如房間和客廳使用的香是不同類型的香氣，當然這也是富人和宗教才有的專利，不同於西方的是，中華料理對香料的使用上較為侷限，常規料理主要使用蔥、薑、蒜、五香粉等，另外，藥食同源，藥膳煲湯講究五行調配，即使入菜也視大部分香草香料為醫療用途為主。

中亞、中東、印度與歐洲等地也認同香草香料對身體的益處，較廣泛的使用香草香料入菜，也製造香水、薰香，如果要了解西方人對香草香料的認識、種類與由來，在下一篇將會介紹歐洲歷史上不得不認識的四位重要人物。

西元前5000年
兩河流域出現
與香料香草有關的文字記載

西元前3000年
古埃及出現
專門的香草及藥草學校

西元前2700年
神農氏嘗百草

宗教　治療　料理　膩香

Chapter 2 香料、香草的世界史

066

021
香料香草背後的重要推手①
——四位重要人物

西方對香草香料的認識與使用,在一代又一代的科學家、學者、醫生等各方人士的鑽研下,留下重要的紀錄並傳承至今。

● 希波克拉底 Hippocrates(西元前460～370年)

希波克拉底是古希臘的醫師,也是醫學史上公認最重要的歷史人物之一,又被譽為「醫學之父」,因為他致力將醫學從宗教、巫術與哲學區分,利用客觀的角度探究因果。

他記錄了將近400種香料與香草的醫療用途,其中包含了薄荷、百里香、肉桂、芫荽等,後來回教國家入侵歐洲,也利用他所記錄的香草香料相關醫學資料作為基礎,延伸發展出更多的醫藥技術。

希波克拉底

● 提奧弗拉斯特 Theophrastus(西元前371～287年)

他被譽為植物學之父,是古希臘哲學家、園藝學家和科學家,受益於亞歷山大大帝出征亞洲時隨從帶回的報告,讓他得以涵蓋更廣泛

的植物種類與知識,曾著作了兩本植物相關書籍《植物的歷史》（De Historia Plantarum）與《植物病原學》（De Causis Plantarum）,可謂當時最具系統的植物書。

他的著作《植物的歷史》總結了草本與木本植物的型態、用途、特徵、產地等,其中包含肉桂、小豆蔻、薄荷、沒藥、胡椒等等。

提奧弗拉斯特

● 迪奧斯科里德斯 Pedanius Dioscorides（西元40～90年）

迪奧斯科里德斯是古羅馬時期的希臘醫生與藥理學家,因為他曾隨著羅馬皇帝尼祿東征並擔任軍醫,因此得以實際觀察與應用中東各地所能蒐集的一般植物與藥用植物,他於西元50年至70年間所完著的《藥物論》（De Materia Medica）,共有五冊,包含了600種以上的藥用植物,並且不同於其他書籍用字母排序,他用植物的療效與特性做分類,並清楚說明了藥理。

《藥物論》是歷史上最具權

迪奧斯科里德斯

版權歸屬：simona flamigni／shutterstock.com

威與影響性的藥典，一直到十六世紀文藝復興時期，還可見其應用，現在很多香草的通用英文名稱，仍然沿用他選用的命名，例如鼠尾草稱為Sage，西芹為Celery，以及蒔蘿為Dill等。

● 老普林尼 Pliny the elder（西元23～79年）

是軍事政治家，也是博物學者的老普林尼，為古羅馬皇帝提圖斯著作了一套《博物誌》（Naturalis Historia），共有37冊，可以算是歷史上第一套百科全書，內容涵蓋天文、地理、人文、動物、植物、農業、礦物、藥物等等，當時古羅馬也正風行大膽嘗試各種奇珍異饌，並且已經有許多進口香料，因此，他的著作記錄了廣泛的植物分類、來源、醫藥與料理用途，雖然內容如今看來不完全正確，但仍為世人留下非常重要且完整的百科資訊。

老普林尼

版權歸屬：By Geoffrey - Cesare Cantù, Grande Illustrazione del Lombardo Veneto ossia storia delle città, dei borghi etc., Milano 1859, Vol. III, Public Domain, https://commons.wikimedia.org/w/index.php?curid=9466113

025

香料香草背後的重要推手②
——阿拉伯文明與大航海時代

隨著不同文明演進，以及時代變遷，
讓香料與香草的應用更加多元。

除了西方科學以外，阿拉伯對香草香料的紀錄與應用也有卓越的貢獻，中東除了是古文明的發源地之外，許多香草香料的應用也源自於此，而中世紀興起的伊斯蘭文化從一世紀起到八世紀中葉，一路從中東往歐洲南部西征，他們努力吸收希臘、羅馬、埃及的各式紀錄，將之融會貫通後發展成出色的伊斯蘭知識，在天文、醫學上特別傑出，並重新深深地影響了南歐，特別是曾經被殖民過的伊比利半島，所以像是現今西班牙稱咳嗽藥水為Jarabe，歷史上就是源自於阿拉伯的糖漿配方。

後來，十五世紀的大航海時代正式開啟了全球東西方物種交流的新世代，讓接續的香草香料研究更容易，相關領域傑出的學者更如雨後春筍，影響範圍也更廣泛，例如十七世紀的尼可拉斯・寇佩珀（Nicholas Culpeper）所撰寫的書《英國醫師的植物清單》（The English Physician）被帶到了北美洲，成了當地主要的植物藥學使用依據。

而後來的生物學之父卡爾・林奈（Carl Linnaeus），為了解決太多俗名造成大眾混淆的亂象，於1753年發表了《植物種誌》（Species Plantarum），將各類植物以學名（屬名與種名）重新命名，其中第一個名字是屬名，為名詞，第二個名字是種名，為形容

詞，形容該物種的特性，才讓這些植物有更清楚的指稱。

我們在後續香草香料介紹時，也會將學名與英文名附上，因為如果只用中文名來了解香草香料，比如大茴香又稱為八角、小茴香又稱孜然、只寫茴香竟然可以代表甜茴香等，非常容易讓人混淆。

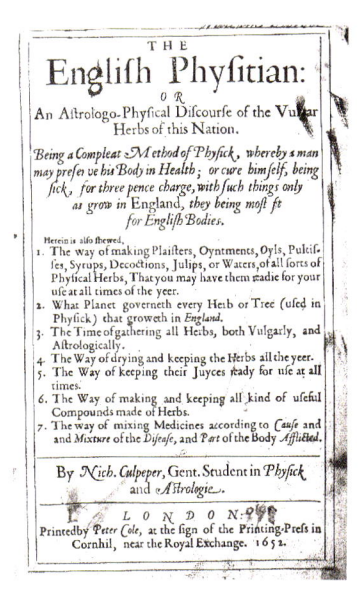

尼可拉斯・寇佩珀所撰寫的
《英國醫師的植物清單》

版權歸屬：Public Domain, https://commons.wikimedia.org/w/index.php?curid=139162762

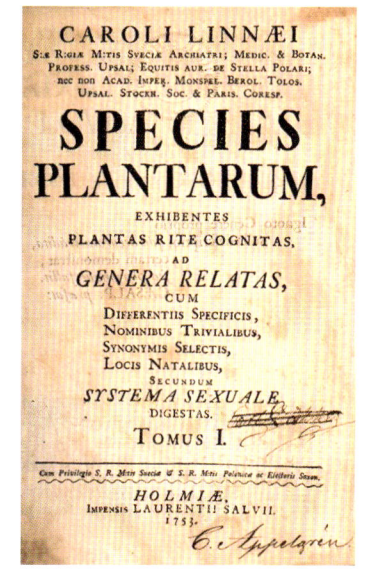

卡爾・林奈所撰寫的
《植物種誌》

版權歸屬：Carl Linnaeus, Public domain, via Wikimedia Commons

026

香料香草與宗教

引領永生、驅逐惡靈的神奇植物

　　早期香草香料被視為可以引領永生、與神接觸、甚至驅逐惡靈以達到身心靈健康平靜的神奇植物，更經常使用在慶典儀式及象徵祝福，比如利用琉璃苣增進勇氣，迷迭香能找回記憶，孜然在婚禮上代表永浴愛河，艾草在華人社會代表避邪，或將檀香製成焚香，象徵神聖氣味以驅逐邪惡等。

香料與宗教

　　出埃及記第三十章指出耶和華吩咐摩西做聖膏油，內容物便含有沒藥、肉桂、菖蒲、桂皮與橄欖油；當耶穌在伯利恆出生時，三位從東方來的智者紛紛獻上黃金、沒藥、乳香，後兩者也是香料。而當耶穌死在十字架上後，祂的女性信徒必須要用香膏——也就是前述的聖膏油抹在耶穌身體上，代表抹去一切羞辱，這也是還給耶穌尊貴身分的敬禮，從上述例子中，可以發現香料在聖經中扮演了重要的角色。

　　天主教在**彌撒**時，也使用提爐焚香，使用炭火將乳香的香氣釋放，營造整體環境的神聖感，透過香氣讓祈禱能夠上達天庭。其實焚燒乳香是猶太古教經常使用的禮儀，基督教與天主教創立後也將此禮儀規範保存流傳下來，相關的儀式在伊斯蘭教也能見到，都是表示欽從、祝福和舉行聖禮。

　　香料在佛道教的應用更是深入且種類繁複，因為佛教創立於印度，受當地文化影響，使用香料的範疇相當廣泛，多將桂皮、檀香、

丁香、沒藥等香料製成香後焚燒，增加儀式的神聖感，也可以驅蟲、除臭，進而衍生為幫助專一靜心、驅除邪惡。佛教認為「香為佛使」，被視為非常重要的供品，不同經文有個別對應的香料，開始法事之前還有「香爐讚」經文得以唱誦。

道教的「五供養」之首即為香，對道教而言，香是供奉神明與傳達祈禱的主要供品，特別是檀香，並有「上香咒」，道教倡導常焚心香，可得清靜，用香要求清淨專一，一絲絲輕煙就像是將大眾的祈求安然有序的往天庭傳達，香料之於宗教，就像是陽光、空氣、水之於生命一樣，是如此的不可或缺。

焚燒乳香作為祈禱。根據聖經，耶穌誕生時，東方三聖者帶來三樣禮物中，便有乳香。

027

香料香草與傳統儀式

不僅是與靈界溝通的橋樑，也是最昂貴的陪葬品。

香草香料在宗教的使用歷史非常悠久與廣泛，不只是作為料理食材來看待，它們更是舊時西方社會重要的陪葬品，而它們所特有的醫療功效在當時也多歸因於與靈界的溝通。

香料與陪葬

西元前1323年，埃及法老圖坦卡門因意外過世後，他的陵寢被填滿了芫荽籽，後來科學家與歷史學家推測這可能是他生前受虐疾之苦，由於當時埃及人認為生前需要的東西若放在陵寢一同陪葬，往生者到另一個世界仍可繼續使用，而芫荽籽在當時是用來治療發燒與風寒重要的藥物，因而成為陪葬品。

古埃及製作木乃伊過程的壁畫

拉美西斯二世雕像

　　埃及法老王拉美西斯二世則是歷史記載第一個使用胡椒的人,但並非食用,他在過世後,鼻腔被塞了來自印度的胡椒,此舉目的至今尚不明確,可知的是在當時胡椒非常貴重,是製作木乃伊的元素之一,也因為胡椒的抗菌與防腐功能,讓拉美西斯木乃伊成了至今保存最好的一具,這個做法讓胡椒逐漸變成神聖香氣的代表,且在他之後,許多的貴族紛紛仿效製作奢侈的香料墳墓,一時蔚為風潮。

　　比如古希臘征服埃及後,也延續了香料陪葬的做法,古羅馬也備受影響,根據拜占庭詩人柯里普斯(Corippus)描述,西元565年東羅馬皇帝查士丁尼一世(Justinian I)過世後,他的墳墓充滿了乳香、沒藥、蜂蜜和數百種香料。複雜的香料組成常掩飾了屍體的氣味,因此被視為是神聖純潔的象徵,而王公貴族以香料陪葬的目的大多都是期望永生,或是轉世後能延續富貴。

028

曾經作為交易貨幣的香料

價值高昂、地位特殊，甚至可以作為員工薪水！

　　西元四世紀末，當時最強權的國家——羅馬帝國內部已逐漸分崩離析，諸多內憂外患讓其地位岌岌可危，西元408年發生羅馬城被俘虜的事件，西哥德王國（位在現在西班牙伊比利半島與部分法國）在亞拉里克（Alaric I）的帶領之下，率三萬名士兵入侵佔領羅馬城，最後協商由羅馬帝國交付五千磅黃金、三萬磅銀子、四千件絲質長袍、三千塊皮革和三千磅胡椒作為和解與贖金，你沒看錯，最後一項就是胡椒！

　　由於多數香料原產地都在亞洲，當時交通不便，貿易過程冗長，加上市場炒作與政府控管，研究指出，很可能當時消費者支付的香料價格都是當時原產地的十到一百倍，導致中古世紀歐洲香料的價格可以比黃金還高，好比說在十字軍東征之前，一磅的番紅花可以和一匹馬一樣值錢、一斤生薑相當於一隻羊、兩磅肉豆蔻皮可以買一頭牛。

　　即使到了十四、十五世紀，香料價格依舊居高不下，儘管胡椒已經降價成了相對便宜的香料，一磅胡椒的價格仍可等同於一頭豬的市價，甚至，一篇德國文獻更發現，西元1393年的一磅肉荳蔻價值相當於七頭牛，2013年時，多倫多大學的經濟歷史學家約翰·芒羅（John Munro）計算了西元1438到1439年英格蘭香料的價格，並以當時資深工匠的工資作為衡量標準，發現一磅的胡椒等於是工匠兩天半的工資，一磅丁香與豆蔻要花四天半工資，肉桂則是三天，薑需要一天半，最後，要工作將近二十三天才能賺到一磅番紅花。

由於香料珍貴搶手，胡椒、番紅花、肉桂、肉豆蔻、小豆蔻等便因此可以代替貨幣，例如東歐人與倫敦商人進行貿易可以支付胡椒，歐洲部分地方政府也接受用胡椒來支付稅款、通行費，許多歐洲城鎮都用胡椒記賬，甚至可以作為嫁妝，一些房東會接受以胡椒作為租金給付形式。

　　在中國歷史上，也有類似的情形，胡椒在唐朝時傳入中國，據說宰相元載收受貪賄被抄家時，院子裡藏了八百石的胡椒；明朝成化二年（1466年）也記錄官員的俸祿上半年給寶鈔（明朝發行紙幣「大明寶鈔」），下半年則改發蘇木與胡椒，大航海時代，船員們也可以選擇以香料作為薪水唷！

香草香料在早期甚至可以當作薪水支付。

029
香料與香草的世界之旅①
──陸路長征

從東方到西方，先從陸路開始的漫漫長征。

在交通不發達的上古時代，東西方甚少知道彼此的存在，儘管如此，仍有少數的探險家與商人懂得取得利基，在中亞、古埃及、印度，甚至到黃河流域之間穿梭挖寶，香料就是其中非常重要且利潤高昂的商品。歐洲富人對香料的癡迷成了貿易商人最重要的商機之一，而進口香料與找尋香料的過程促成了許多歷史貿易路線的形成，以下我們來看看因香料而起的歷史貿易途徑有哪些：

連通中亞與歐洲的香料之路

香料之路是歷史上最早的貿易古道，因為運送香料而聞名，這條路線自西元前幾世紀左右便開始成形，從印度南部穆齊里斯（Muziris）城市做為起點，將印度的胡椒、肉桂等香料沿著印度西岸水路一路運往阿拉伯地區。

實際上，當時的印度已經透過水路到達南洋如印尼等地，因此印度商人可以提供本地品種之外的香料，這些香料從印度出發，於中東的葉門上岸，再交由當地阿拉伯商人騎著駱駝越過阿拉伯沙漠送達約旦的古城佩特拉（Petra），並轉交給下一路段的商人送往埃及與美索不達米亞地區。

後來，西元前331年，亞歷山大大帝建立了亞歷山大港，由此港口出發將香料藉由船運方式送往地中海沿岸城市，例如現今的希臘雅

典、黎巴嫩的提爾以及突尼西亞的迦太基，值得注意的是，這裡的香料多指 incense，也就是主要用在宗教、醫藥與環境的薰香，並非料理用途。

串起中國與歐洲的絲路

西元前139年，西漢張騫帶著一行一百多位的使團前往西域，從啟程、被匈奴俘虜、逃脫、到重新規劃路線回國，歷時13年，奠定了一條從中國通往中亞，甚至遠至地中海東部的貿易之路，主要的貿易商品有絲綢、馬匹、玉石、象牙、茶與香料。

後來，東漢的班超再將絲路繼續延伸至地中海、波斯灣與敘利亞等地，絲路的形成代表的不只是中國至中亞的貿易，而是當時整個亞洲與歐洲的貿易，因為早在西元前204年，漢朝已經開始了與南越國（越南、寮國）的交易，南越國則已經和南洋諸島開始了貿易活動，因此，漢朝除了能取得南越國的香草香料之外，也涵蓋了當時部分南洋進口的香料如丁香、肉桂等，所以，即便在如此交通不發達的世代，絲路與香料之路兩條貿易路線，已經能讓香料旅行橫跨了半個地球。

絲綢之路及香料之路

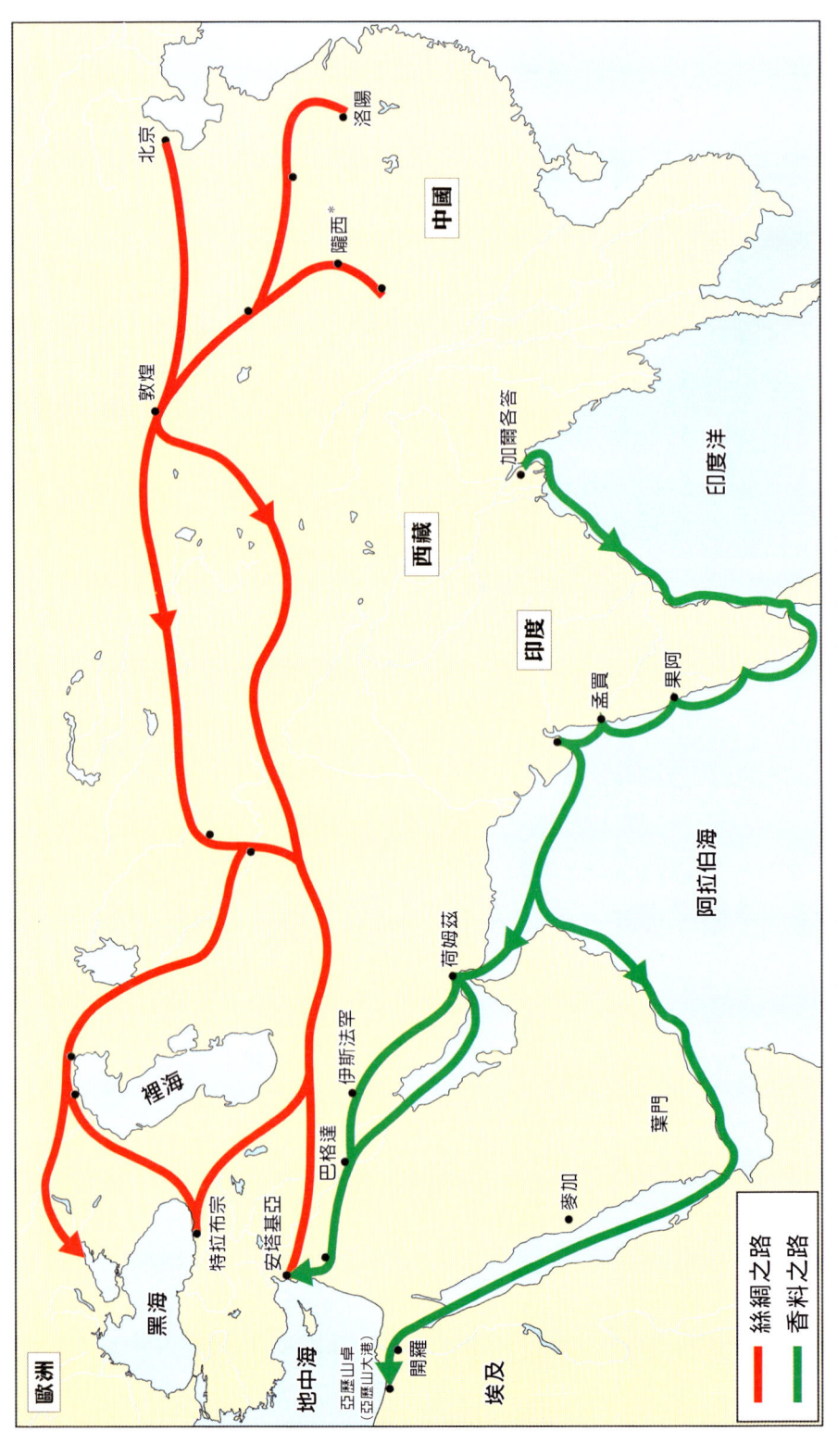

*此隴西並不是現今隴西縣位置,此為古時隴西郡位置,隴西從古至今範圍有極大的變化。

030

香料與香草的世界之旅②
——貿易路線與戰爭導火線

香草與香料打開貿易路線，也成為戰爭的導火線之一。

羅馬帝國將香料在歐洲大幅擴展

西元前27年羅馬帝國崛起，版圖橫跨北非與大部分的歐洲，羅馬商人更藉國家強盛時期與波斯商人接應，也因此串起了絲路與歐洲內陸，加速香料香草的交流。西元四世紀前，部分香料已經傳到北歐，當時主要的通商港口也從亞歷山大港改至首都君士坦丁堡，也就是現今的土耳其伊斯坦堡。

由於羅馬人與阿拉伯人的衝突不斷，羅馬人便另闢一條新的路徑從尼羅河往南至阿克蘇姆王國（位於現今衣索比亞），從該地區進口印度香料，因為這條路徑，歐洲的香料進口從此得以繞過阿拉伯人。

羅馬帝國時期除了將香草香料貿易普及至歐洲，羅馬政府也竭盡所能地讓版圖內貿易穩定，例如在港口建立燈塔，以提高夜間港口的安全與能見度，地中海區域有羅馬海軍防守，驅逐海盜，因此當時的地中海非常安全，更統一境內貿易貨幣與簡化貿易規定。當時羅馬帝國的貿易撐起了他們的經濟，而香料就是其中非常重要的一份子。

除此之外，羅馬帝國也將香料的應用推展到另一個層次，古羅馬的烹飪聖典《阿皮修斯》（Apicius）內記載的食譜，無論甜食、鹹食都含有香料，胡椒是最基本的調味，南洋來的薑、肉桂、豆蔻、丁香也處處可見，當時所進口以及使用的香料數量更達到歷史上的新高點。

穆斯林與天主教的鬥爭——香料之戰：十字軍東征

羅馬帝國於四世紀走向衰落，穆斯林於此時崛起，阿拉伯人佔領亞歷山大港並壟斷了東西方的貿易路線，同時趁著興盛時期大幅擴張貿易版圖，四處淘金，這時候歐洲香料進口貿易困難重重，沒有羅馬帝國的庇護，地中海充滿海盜，陸路貿易更像是被阿拉伯人掐著喉嚨一樣窒礙難行，歐洲富人對香料風味的渴望無法被滿足，商人豐厚的利潤也因為穆斯林壟斷成了過眼雲煙。

此時剛好也是歐洲文化黑暗時期，動盪的政治，人民生活困苦，怨聲載道，加上天主教墮落，修道院變得市儈貪腐，世人渴求救贖，貴族與修道院渴望金錢，在這樣的背景下，1095年教宗烏爾巴諾二世（Pope Urban II）發起了十字軍東征，這是一場由眾多貴族支持的戰爭，以拯救在耶路撒冷受難的教會弟兄之名、行經濟掠奪之實，兩百年內共發動九次出征與掠奪，參與者從農民到騎士都有，甚至是需要自費參加，有的人希望為教會出份心力以此得到救贖，有的則視提供金援為一種投資，香料就是誘人的報酬之一，參與者一路從歐洲各地出征到中東，在第四次出征時，更獲得威尼斯共和國商人的海運協助，也因此讓威尼斯在此之後成了重要的香料港口。

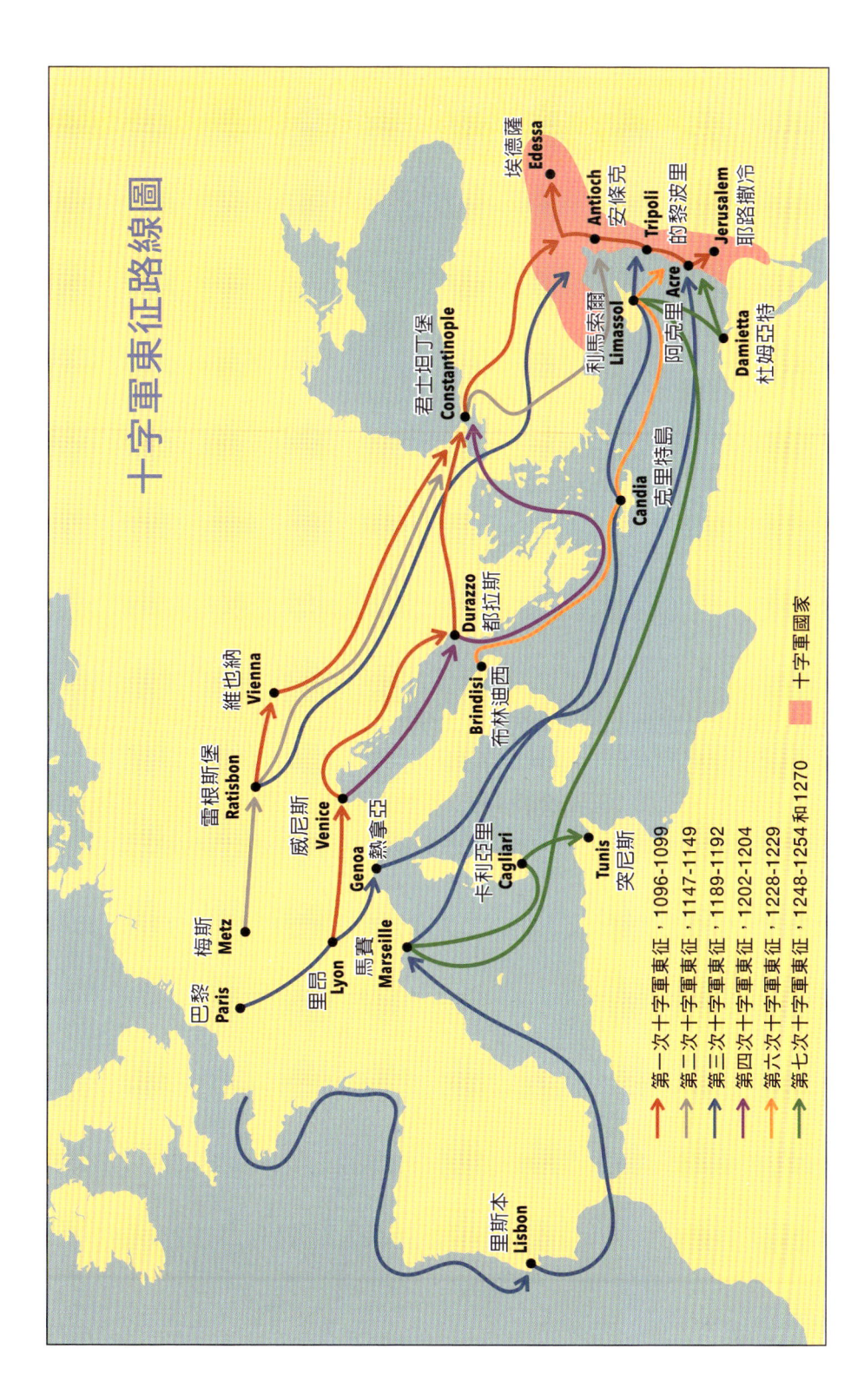

十字軍東征路線圖

- → 第一次十字軍東征，1096-1099
- → 第二次十字軍東征，1147-1149
- → 第三次十字軍東征，1189-1192
- → 第四次十字軍東征，1202-1204
- → 第六次十字軍東征，1228-1229
- → 第七次十字軍東征，1248-1254和1270
- ▨ 十字軍國家

地名：
- Paris 巴黎
- Metz 梅斯
- Ratisbon 雷根斯堡
- Vienna 維也納
- Lyon 里昂
- Marseille 馬賽
- Venice 威尼斯
- Genoa 熱拿亞
- Cagliari 卡利亞里
- Brindisi 布林迪西
- Durazzo 都拉斯
- Constantinople 君士坦丁堡
- Candia 克里特島
- Tunis 突尼斯
- Lisbon 里斯本
- Limassol 利馬索爾
- Acre 阿克里
- Damietta 杜姆亞特
- Edessa 埃德薩
- Antioch 安條克
- Tripoli 的黎波里
- Jerusalem 耶路撒冷

031

香料與香草的世界之旅③
——開啟航海時代

航海時代的開啟,建立香料的貿易版圖。

鄂圖曼土耳其阻斷與航海時代的開啟

就在阿拉伯人忙著和十字軍對戰之際,位在小亞細亞的突厥人異軍突起,創立了鄂圖曼帝國,更在1453年奪下君士坦丁堡這個東西方的貿易要塞,成了歐洲東南部及地中海東部的霸主,全盛時期版圖擴張至歐洲及北非,更獨攬紅海海上霸權,並提高貿易通關稅金。

同時,另一個重要的香料進口港——威尼斯也因為哄抬香料進口稅到最後無人可以負擔,諸多因素打亂了歐洲人取得香料的貿易途徑,於是愛香料成痴的歐洲人按耐不住,尤其陸續有遠東探險家與遠洋商人回報香料群島的存在,如十三世紀的馬可波羅,指出印度、中國有多不勝數的昂貴香料、黃金,這讓眾多的探險家蠢蠢欲動,試圖從其他航海路徑出走,最終帶來了新的航海時代。

十五世紀由葡萄牙的航海家瓦斯科·達伽馬(Vasco da Gama)首當其衝,從里斯本出發,一路繞過非洲南端好望角到達印度,甚至行經馬來西亞麻六甲、廣州,不但開發出當時史上最長的貿易水路,更為葡萄牙奠定在印度洋的海上霸權。

很快地,西班牙於西元1492年成功趕走了阿拉伯人後,也隨即加入拓展海上新路徑的行動。出發前哥倫布向當時西班牙國王斐迪南二世與皇后伊莎貝拉一世承諾將帶回大量黃金、胡椒與肉桂等香料,

結果出乎意料的發現了新大陸，找到更多如辣椒、香草、巧克力、番茄等新奇物種。

西班牙和葡萄牙的航海技術與海上勢力都不斷擴張，數次在新大陸與太平洋爭奪殖民地，後來西班牙由麥哲倫領軍一路往西，越過美洲，殖民了菲律賓，抵達當時重要的香料貿易港口──麻六甲，再繼續往西回到西班牙，完成人類史上第一次環球航行，也證明了地球是圓的。1580年西班牙菲利普二世（Philip II）入主葡萄牙，兩國短暫合併，也讓西班牙成了第一個日不落帝國。

一連串的航海探險到最後已經不再是單純的探險了，每一艘返回歐洲的船隻都回報發現大量的高價香料如豆蔻、丁香、肉桂、胡椒等與其他高價值礦產，確切的寶藏等著被開採，英國、荷蘭、法國等強國也在此時蓄勢待發，為新的貿易時代啟程。

香料種植地因為歐洲列強的爭奪而戰爭四起，十七世紀起，英、荷、法等後起的強國在北美、南美、非洲之間建立三角貿易而大發利市，荷蘭東印度貿易公司與英國東印度貿易公司在當時更是富可敵國，貿易版圖橫跨五大洲，擁有自己的軍艦，後來，英國也成了第二個日不落帝國，也是透過貿易奠定了深厚的財力與版圖基礎。

瓦斯科・達伽馬航海路線圖

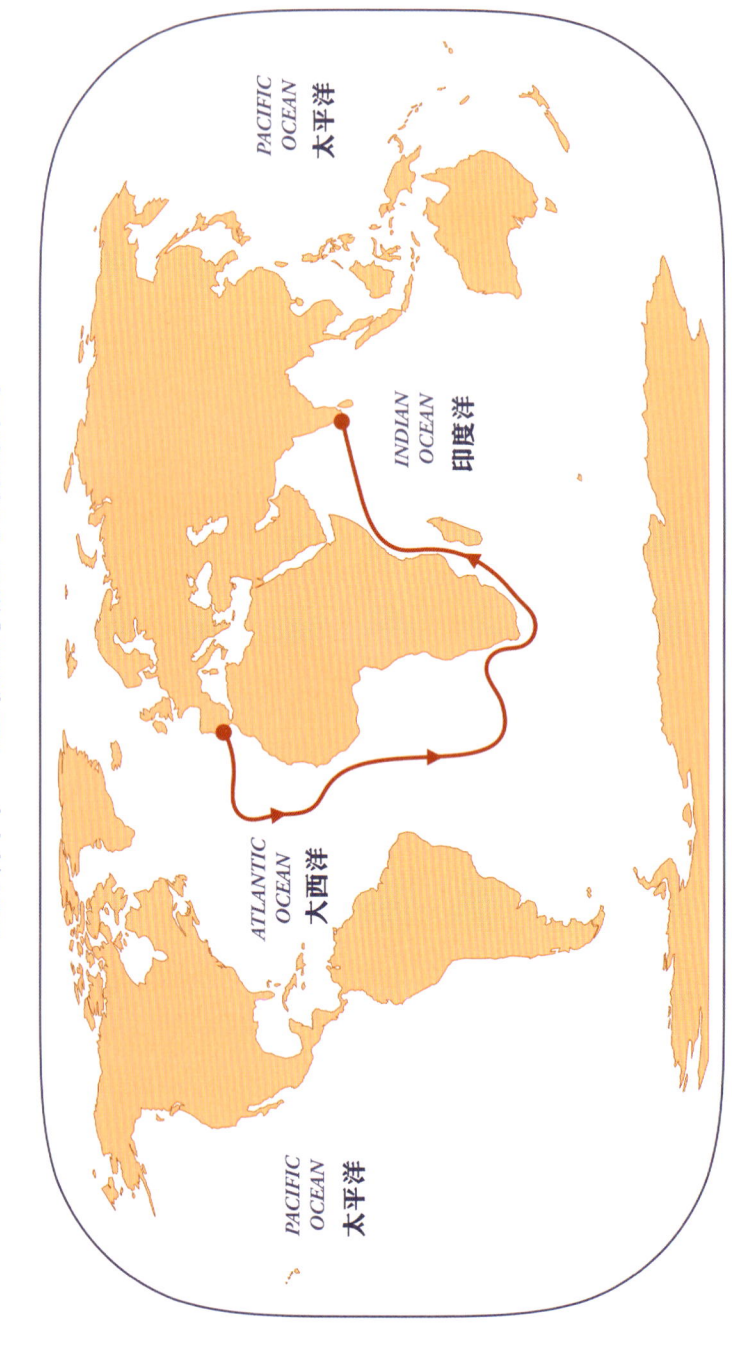

PACIFIC OCEAN 太平洋

INDIAN OCEAN 印度洋

ATLANTIC OCEAN 大西洋

PACIFIC OCEAN 太平洋

Chapter 2　香料、香草的世界史

086

哥倫布四度航海路線圖

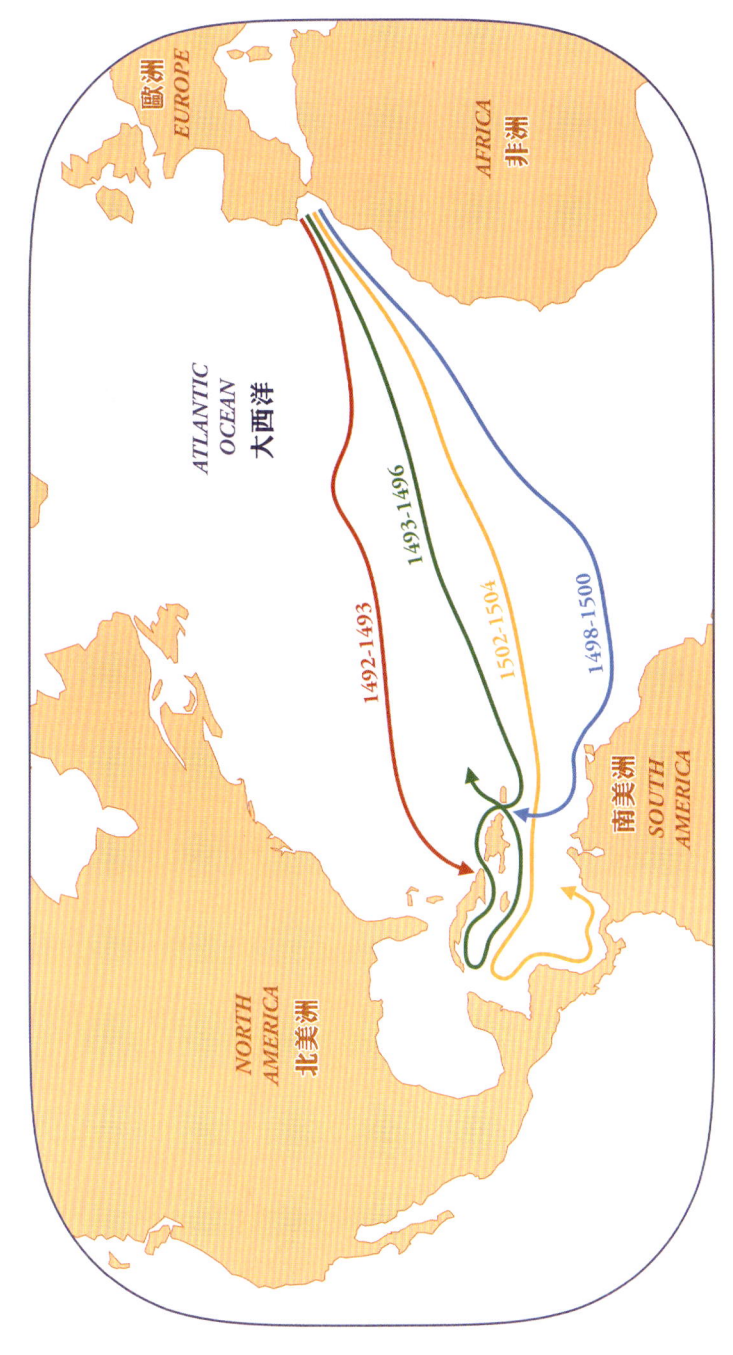

- 1492-1493
- 1493-1496
- 1498-1500
- 1502-1504

EUROPE 歐洲
AFRICA 非洲
ATLANTIC OCEAN 大西洋
NORTH AMERICA 北美洲
SOUTH AMERICA 南美洲

032

香料的謊言・貿易・爭奪

隱身在香料背後的權勢與利益，
甚至可以讓一座城市崛起。

　　在遠古時代，少數的探險家與商人就已在中亞、古埃及、印度，甚至到黃河流域之間穿梭尋寶，特別是能言善道的阿拉伯人，他們集結成隊地騎著駱駝與驢子，循著香料之路遊走四方，而黃金、寶石、香水、香料等容易攜帶的商品成了他們的主要目標，四處搜集後再向古希臘與古羅馬人兜售。

　　為了抬高香料價格，他們會將之包裝為「來自伊甸園的食材」，或者「需要穿過重重險惡之地，還要躲避兇猛野獸後才能取得」的稀少珍貴之物，甚至將肉桂形容成是兇猛鳥獸築巢所用的特殊材料，需要用計餵養鳥獸肉塊，逐日等待鳥獸因為貪食過重而使巢穴崩塌，商人才可以伺機採收巢穴殘骸等荒謬的傳說。

　　阿拉伯人壟斷香料市場將近十個世紀，儘管到了西元一世紀時，古羅馬德高望重的學家普林尼看穿了這個謊言，大膽推測香料來自植物，但始終無法將香料重新在歐洲種植，因此，儘管這是個天大的謊言，竟也奠定了香料珍貴難得的印象，加上迷人香氣，香料得以持續千年的瘋狂高價。

　　當亞歷山大大帝征服埃及時，曾將亞歷山大港開發成主要貿易港口，興盛了好幾世紀。當時的人們已使用香料入菜、製藥，甚至製成香水與乳液，香料的貿易盛行程度一度與金銀齊名，後來羅馬人與阿拉伯人的爭奪，催生羅馬人直接從紅海駛船與印度人交易香料，從此

打破阿拉伯人的壟斷，有了羅馬人的加持，歐洲香料貿易門戶大開，一度遠至北歐，到了十三世紀中葉，威尼斯共和國成了歐洲香料貿易的主要港口，將香料銷售至西歐與北歐。當時的威尼斯光是靠香料的稅收就足以為當地政府帶來驚人財富，但後來因稅額不斷高漲，連有錢的商人都無力負擔，才逐漸終結了政府瘋狂的行徑，並間接加速尋找香料的其他途徑。

十五世紀進入航海時代，各國列強到處尋找更多寶藏與掠奪地盤，當然，香料也位在其中，西元1492年哥倫布發現新大陸時，找到了黑胡椒與肉桂，在加勒比海區域找到阿茲特克人所使用的香草莢；葡萄牙人也積極開發掠奪新地，更發現了現在位於印尼的香料群島，取得了豐富的丁香、肉豆蔻等高價值的香料，西班牙和葡萄牙在當時都因為香料貿易而賺得不少資產。

好比當時代表西班牙的麥哲倫所帶領的五艘船的艦隊，雖然最後只有一艘順利返航西班牙，但船上裝載的26噸香料竟可以一抵當時打造五艘船艦的費用及三年旅費。而這個尋寶遊戲並不只屬於政府與貴族，歐洲富商們也紛紛投資航海開發，因為當時誰能掌握香料，就能掌握財富。

十七世紀英國與荷蘭的崛起，各自成立英國東印度公司與荷蘭東印度公司，將香料國際貿易廣度推向了巔峰；十八世紀工業革命之後，因為製船技術進步讓航海不再困難。與此同時，工業技術的進步，甚至開始發展出各種人工香料；十九世紀農業技術進步，讓香料得以成功移植到歐洲或歐洲列強的殖民地如非洲、南美洲等地，其中一個例子如原產於印度的丁香被帶到東非，也讓坦尚尼亞的尚吉巴曾是丁香最大生產地。

等到了二十世紀飛機發明後，全球交流更頻繁，貿易成本大幅降低，也讓香料逐漸變得不再神秘。

麥哲倫及艾爾卡諾環球航海路線圖

Pacific Ocean 太平洋

Indian Ocean 印度洋

Atlantic Ocean 大西洋

Pacific Ocean 太平洋

—— 麥哲倫
⋯⋯ 艾爾卡諾

編註：麥哲倫所率領的艦隊完成首次航行地球一圈。但其實麥哲倫在菲律賓時，因介入當地紛爭而不幸戰死，剩下的旅程由其中一艘船的船長艾爾卡諾帶領剩下的船員們完成。

033

香料群島的歷史與紛擾

因香料成為各國勢力的競技場

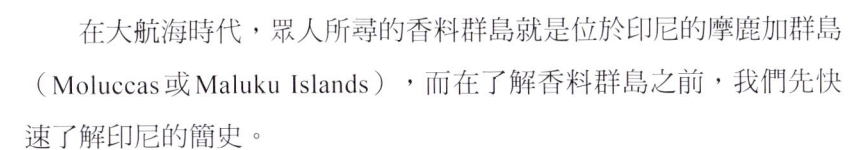

在大航海時代，眾人所尋的香料群島就是位於印尼的摩鹿加群島（Moluccas 或 Maluku Islands），而在了解香料群島之前，我們先快速了解印尼的簡史。

以前歐洲人對印度的定義，除了指印度半島之外，還包含往東延伸的東印度群島，也就是印尼，所以印尼的英文名稱 Indonesia 中 Indo 是拉丁文的印度 India，而 nesia 源自古希臘文 nesos，是「群島」的意思。

中古時代的歐洲認為高價值的丁香、肉豆蔻來自印度，其實指的是印尼。考古學家發現印尼與印度至少從西元前二世紀就開始往來，甚至將印度教傳往印尼，不過現在峇里島是僅剩唯一的印度教島嶼，七世紀穆斯林崛起前，阿拉伯商人便已經貿易至此，主要定居於蘇門答臘，並逐漸潛移默化印尼的宗教信仰，十六世紀後印尼成為了以穆斯林為主的國家。

香料群島是現在位於新幾內亞以西，澳洲以北的群島，是丁香與肉豆蔻的發源地，現在該區域以安汶島（Ambon）為首都，德那第島（Ternate）、蒂多雷島（Tidore）都是有名的島嶼，而且以前這些小島都各自為一個王國。

十五世紀末，葡萄牙人繞過非洲好望角，抵達印度，1512年到了東印度群島後，發現某一區的群島有著特殊新生兒祈福傳統，他們為每一位新生兒種下一顆丁香樹，象徵該生命與丁香樹連成一氣而枝

繁葉大，因此葡萄牙人恍然大悟這裡就是丁香的發源地。剛好當時各島正在互相爭鬥，於是葡萄牙人藉機使用武力介入，幫助德那第王國取得勝利，得到了設立商館與壟斷丁香外銷的機會。1518年葡萄牙人帶了首批丁香回歐洲，卻遲遲等到1522年才因為協助德那第王國對抗西班牙，真正獲得外銷丁香的權利。

然而葡萄牙人卻也因為貪賄懶散的作風，早已惹怒德那第王國，積累不少民怨，最終在1575年將全數葡萄牙人驅逐出境。後來在1580年西班牙與葡萄牙短暫合併，這件事導致葡萄牙在印尼的勢力逐漸削弱，最終更使葡萄牙失去里斯本等國境內重要港口的優勢，國力與聲望在合併後逐漸沒落。

十七世紀的荷蘭人追隨腳步來到了香料群島，除了成功趕走剩餘的葡萄牙人外，也以武力佔領了香料群島，為了製造丁香的稀缺，荷蘭人甚至大幅砍伐丁香樹，減少產量，雖然丁香的價格最終更勝黃金，但如此作風也造成各地民怨，叛亂四起，導致丁香植株外流至巴西、西印度群島與東非尚吉巴種植，也因為有了香料群島以外的種植地而導致丁香價格逐漸降低，讓香料群島失去了重要的經濟地位。

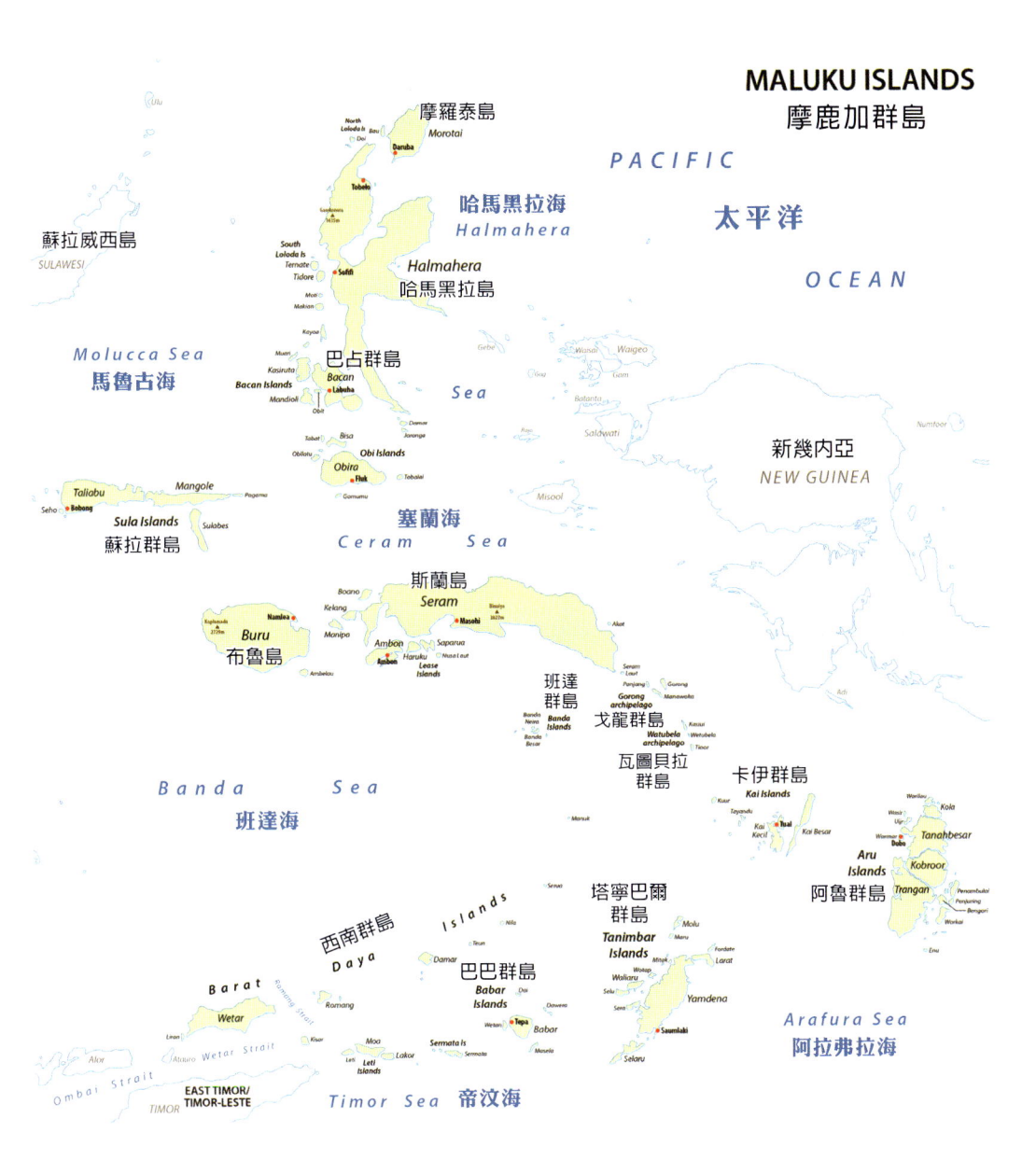

香料群島

綠色範圍即為摩鹿加群島。

034

香料香草帶來的巨大改變①
——改變飲食習慣、促進貿易

改變料理風味，也帶動了商業發展。

改變飲食習慣

如果沒有香草香料，我們或許還在食用單一口味的料理唷！在香草香料還未應用於料理的年代，食物的口味單調無趣，因此，在西元前四千年左右，當印度人發現源自於中、西亞的大蒜時，為之驚艷，並將之整合應用於料理與藥用上，再介紹給巴比倫與亞述帝國，一步步沿著地中海地區往西傳入歐洲，最終歐洲人為大蒜瘋狂，成了生活不可或缺的調味香料，例如大蒜麵包、大蒜馬鈴薯泥、大蒜湯等，又如洋蔥、肉桂、胡椒等，也發展出屬於自己的料理，類似的例子不勝枚舉。

促進貿易活動與拓展新航線

香草香料的運用，改變了各地餐桌上的風景，震撼與衝擊異國民族的味蕾，牽引了好幾世紀歐洲人對東方的好奇心，也拓展了東方人原本僅知的貿易版圖。香料為歐洲人帶來有趣的生活，並成了頂級的炫富工具，對香料抑制不住的渴望，一步步地引導歐洲人用盡各種方法邁向東方，雖然不能說造船、航運因香料而起，但全球貿易路徑卻多是為了香料而開。

就在十二、十三世紀歐洲十字軍東征與歐洲朝代更迭的混亂之中，許多威尼斯商人與探險家們把握商機，沿著絲路一路往東，最有名的便是馬可波羅，西元1295年，馬可波羅結束了長達24年的東方之旅回到威尼斯，卻不幸受到牢獄之災之時，向獄友魯斯蒂謙（Rustichello da Pisa）口述他在東方的所見所聞，描述在印度、印尼、中國等地不但沒有怪物，多的是富麗堂皇、井然有序的皇朝與大小王國，還看見了歐洲人魂牽夢縈且極為珍貴稀少的香料如丁香、肉桂、肉豆蔻、胡椒等，這些在東方是如此不計其數，後來他的獄友代為執筆完成《馬可波羅遊記》，其後並給了哥倫布大量的東方尋寶的靈感，為新的航海時代揭幕，不同的是，哥倫布是從已知的印度洋航線轉往西部，越過大西洋。

各式香草香料改變了人類的飲食習慣，
也牽動著世界的發展。

馬可波羅往返中國的路線圖

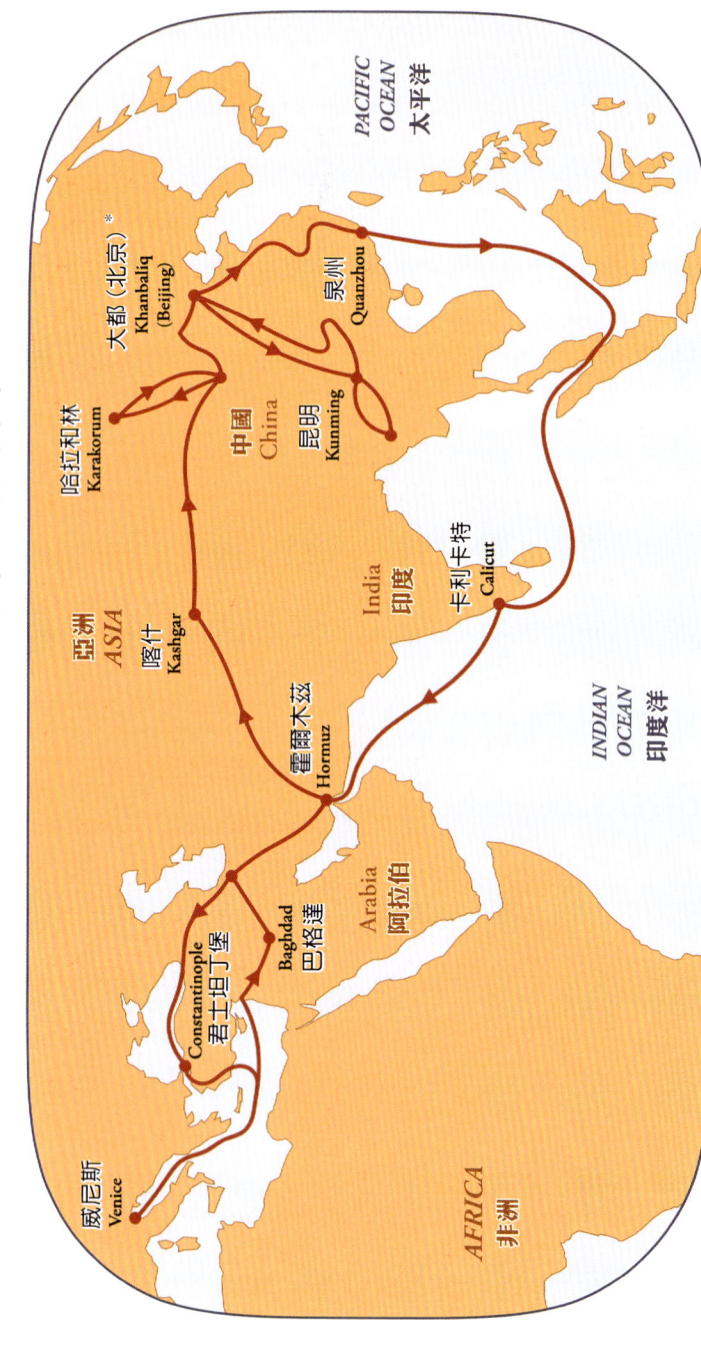

但近年來考古學家多有爭論，探討「馬可波羅到底有沒有去過中國？」。但不可否認的是，《馬可波羅遊記》的確對當時帶來深遠的影響。*大都為元朝時的名稱。

035

香料香草帶來的巨大改變②
——人口數銳減、奠定資本主義

為人口、文化與物種帶來巨變，
甚至扮演推動資本主義的角色之一。

歷史上人口銳減、原住民文化的消失與物種遷移

慾望帶來了勇氣，也刺激了火氣，許多征戰殺伐與殖民皆因香料而起，歷史學家估計，約有二到六百萬的西歐參戰士兵死於長達兩百年的十字軍東征中，這數字還不包含中東士兵的死傷人數與被殃及的老百姓。

為了搶奪香料，歐洲列強前往各地殖民，例如，荷蘭人為了爭奪印尼香料群島，不惜與英國交換當時的北美曼哈頓島，造就了現在不同的曼哈頓風景；而為了營造肉豆蔻的稀有性，荷蘭人更是嚴格管控香料群島，其中之一的班達群島（Banda Islands）更發生了大屠殺事件，將近一萬四千位反抗荷蘭的當地人慘遭殺害，事件之後，該島僅剩一千名當地人倖存。

此外，由於當時歐洲人殖民南美洲時，陸續帶入了麻疹和天花，讓當地很多被俘虜的南美原住民因疾病而死亡，最後死亡人數過多，來不及原定殖民發展計畫，於是歐洲從非洲引進更多的黑人為他們工作。根據統計，在1501年到1867年間，歐洲人自非洲進口黑奴到新大陸的人數高達一千二百萬名之多，其中將近25%的黑人還未抵達目的地前便因長途旅行而死亡，被丟棄在大西洋之中的黑人屍體預

估有1～2百萬人之多，許多原住民傳統就此消失，不少寶貴的生命因此殞落。與此同時，因為農業技術的進步，歐洲人成功將香料植物移往其他殖民地繼續耕種。

在這樣的時代下，世界在極短的時間內進入快速的人口銳減、文化融合，並把新舊動植物種帶到不同的地區，在短時間出現大量的物種遷移。

確認與奠定資本主義模式

除此之外，在大航海時代下，尋找香料與相關貿易也為資本主義的發展奠定了雛形。早期開發新航線是屬於高風險高報酬的生意，為了籌措鉅額的出航費，西元1600年，英國東印度公司發行類似股票的商品吸引投資人，成了歷史上最知名的「股份有限公司」，意即「萬一出航失敗，投資者也只會損失投資的那一部分費用」，這跟當時傳統的生意模式不同，無須無上限的以家當來擔保，投資風險變得可控，投資人也可以依市場行情轉讓股票，股息依照股票份額分配，公司亦可以銷售存貨來籌措股息，儼然已有近代上市公司的影子，成了公開而非特權的大型企業，這套模式雖不是先例，但成功地吸引了富人的投資，大幅提高投資意願，也逐漸驗證這類商業模式的可行性，成為新的商業主流。

後來西元1602年，荷蘭東印度公司成立，也是以股份有限公司的方式集資，甚至成立了世界上第一間證券交易所——阿姆斯特丹證券交易所，以簡化與加速投資人完成投資的作業程序。

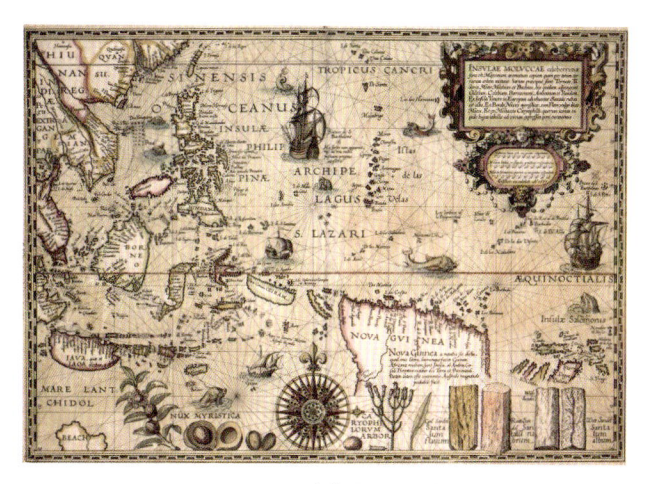

PLANCIUS, Petrus〈摩鹿加香料群島圖〉

版權歸屬：國立臺灣歷史博物館 2018.021.0012《摩鹿加香料群島圖》

荷蘭東印度公司位於孟加拉的貿易據點，由 Hendrik van Schuylenburgh 於 1665 年繪製。

036

香料與黑死病

在中世紀作為預防手段，
被認為能夠阻絕病菌，遠離不好的氣場。

　　黑死病是歐洲對鼠疫的另一個稱呼，西元1347到1352年時歐洲鼠疫大爆發，估計帶走了三千萬條人命，歐洲近一半以上人口死亡，而全球死亡人數更在七千萬人以上，是歷史上最嚴重的流行病大爆發，雖然後人已知這是由鼠疫桿菌（Yersinia pestis）所引起，主要透過老鼠與其身上的跳蚤傳播，但是在中古世紀這個缺乏科學佐證的時代，他們相信染病是因上帝的旨意、惡靈的詛咒與異常的星象而產生不好的氣場，解方多是利用宗教的力量，祈禱、鞭打病人以赦免其罪，或是吊掛健康的活雞，試著一命換一命，也有將代表撒旦的蛇切段並塗抹在病灶上等諸多荒唐療法，除此之外，當時的人們也使用香料薰香，因為他們認為甜香與辛辣的氣味可以阻斷不好的氣場。

四個小偷的秘方

　　香料薰香中最知名的配方，是所謂的「Four Thieves Vinegar四個小偷的醋」（四賊醋），根據記載，因為當時法國馬賽有四個小偷（據說他們同時也是香料貿易商），到處去病人家打劫，甚至直接侵佔因病過世的病人家產，但是他們也擔心不好的氣場影響健康，於是每次出沒時都會使用薰香，配方包含西打酒、紅酒醋或酒，並與香料混合如鼠尾草、丁香、迷迭香等。他們被逮捕之後，當地國王要求他們供出配方以換取無罪釋放。

配方有很多不同版本延伸，後來科學家推測主功效可能是因為對跳蚤有忌避的作用，因而有保護效果，直到今日，還是有人使用類似的配方來做抗菌防蚊劑唷！

好奇嗎？可以參考以下西元1910年美國科學百科的配方：

調製比例

迷迭香	4 盎司
鼠尾草	4 盎司
薰衣草	2 盎司
新鮮黑麥	1 1/2 盎司
樟腦	用 1 盎司烈酒溶解
大蒜	1/4 盎司
丁香	1/16 盎司（約1.8公克）
身邊可以找到最嗆烈的紅酒醋	1 加侖

將以上混合，置於容器中 7～8 天，過濾後將液體裝瓶即可擦在身上、衣服上，或當噴霧使用。

鳥嘴醫生的祕密

黑死病從十四世紀大爆發之後,每隔幾年就會再發生一次,到了十七世紀時開始出現配戴如鳥喙般口罩的瘟疫醫生,事實上,在瘟疫之下,因為人力短缺,多數瘟疫醫生都不是合格醫師,因此療法多缺乏科學根據。

鳥嘴醫生

版權歸屬:I. Columbina (drawer), Paul Fürst (copper engraver), Public domain, via Wikimedia Commons

他們的標準裝備為護目鏡、面具、打蠟過的外套、馬褲繫在靴子內、襯衫塞進褲子裡,還有山羊皮做的帽子和手套,並且手持一根木棒,必要時,用以鞭打病人,為病人赦免內心的罪惡,以祈求獲得上帝的饒恕。

由於經典的防護面具長達半呎,狀如鳥喙,讓他們被稱為鳥嘴醫生,據說他們的鳥嘴面具裡塞滿了超過五十五種藥草,其中包含蝮蛇肉粉、肉桂、沒藥和蜂蜜等原料,面具上有兩個小洞,位在兩側如鼻孔,能把裝在喙裡的醫藥用香料氣息帶上來,以便保護醫者。

037
中古世紀的常用香草香料與料理

香料與香草也有高低貴賤之分,更是中古世紀貴族的炫富利器。

中古世紀歐洲常見香草	香菜、鼠尾草、甜茴香、蒔蘿、芥末、薄荷、甘草、香芹籽、玫瑰、紫羅蘭、山楂花、接骨木花
中古世紀歐洲常見香料	番紅花、胡椒、長胡椒、尾胡椒、天堂椒、肉豆蔻、沙薑、薑、肉桂、丁香、孜然

多數歐洲香草都可以輕易在自家種植,甚至就如同野外雜草,普遍是信手拈來般的容易,但中古世紀的歐洲料理追求花俏華麗,就連使用香草香料也能區分尊貴低賤,尤其當羅馬帝國極為強盛的時候,羅馬貴族更是過著奢靡揮霍的日子,奇特珍貴的香料與食材就是炫富利器,因此對上流階層的羅馬人而言,如同雜草的香草不足為奇,只有胡椒、肉桂、肉豆蔻、薑、丁香等舶來品的香料才可以上的了檯面,他們甚至會在葡萄酒內添加香料,或是使用特殊香料製成沐浴皂或香水來表示他們的品味。

若想要一窺中古世紀香料料理,不可不知道古羅馬烹飪聖典——《阿皮修斯》(Apicius),這本聖典又名De re coquinaria 意即「關於烹飪的大小事」,據說是由古羅馬烹飪大師阿皮修斯所著,一共十冊,記錄了自西元一世紀開始到五世紀的古羅馬料理,涵蓋前菜、主

菜等食材烹飪與甜點製作，是古羅馬滅亡之後，唯一傳下來最完整的食譜書冊，原文以拉丁文記錄了近五百道食譜，內容平舖直述，像是一本流水帳的料理紀錄。

幾乎整個地中海區料理都受到《阿皮修斯》中提及的烹飪技巧影響，從義大利、希臘、北非到土耳其，都可以看到它的影子，很多香料也都仍在我們的現代料理中。除此之外，書中的食材也很多元，包含雞冠、火烈鳥的舌頭，以及特別用陶罐豢養的睡鼠，再佐以當代的葡萄酒、多種特殊醬汁、當地特殊的魚露，口味與口感可以說比起現代的歐洲料理要來的豐富唷！

古羅馬食譜

好奇古羅馬人的口味嗎？在下一頁，我們分享一份簡易食譜：蘿蔔佐孜然與蜂蜜，材料能輕易取得，可以在家動手試試看：

蘿蔔佐孜然與蜂蜜

第三冊第21章第3節（3.21.3）

主材料

- 250克 紅蘿蔔（削皮、切丁）

醬汁

- 2～3湯匙 橄欖油
- 2湯匙 孜然粉
- 1湯匙 蜂蜜
- 1湯匙 白甜酒（葡萄甜酒，不拘品牌地區）
- 現磨黑胡椒
- 裝盤後的點綴
- 1湯匙 魚露
- 現磨黑胡椒

做法：

1. 先將紅蘿蔔放在水中川燙後瀝乾。
2. 準備一個烤盤，將紅蘿蔔鋪上烤盤，並均勻混合醬汁。
3. 置入烤箱（200℃）烤至蘿蔔表皮酥脆後，裝盤後撒上魚露與現磨黑胡椒，就完成囉！

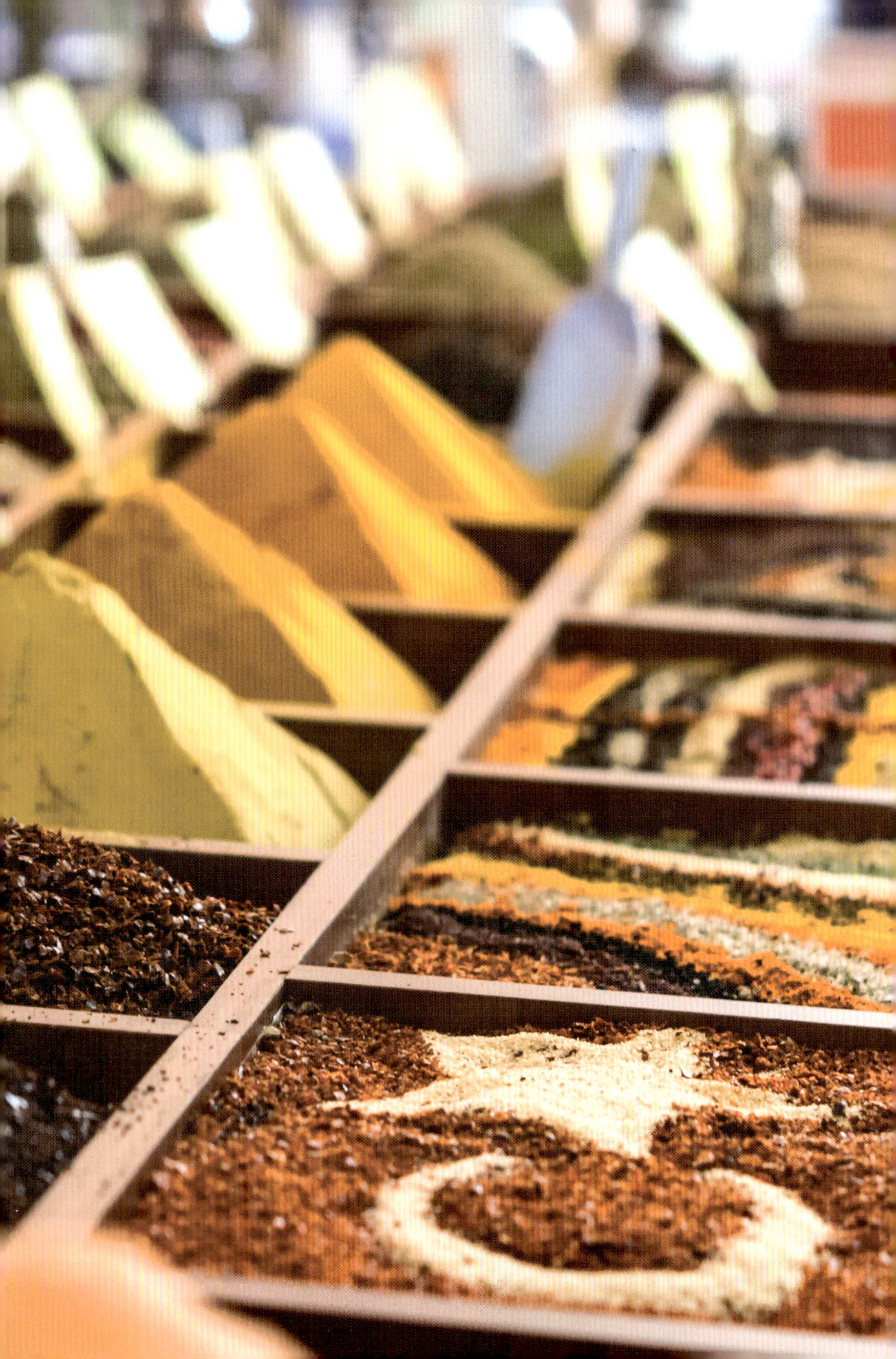

Chapter 3

世界各地的香料、香草

現代許多的香草香料貿易習慣與分布狀況都是歷史的傳承，例如，荷蘭延續了之前的歷史地位，成了現代歐洲主要香料貿易國家，再由荷蘭轉出口至其他歐洲國家；英國主要香料進口地為印度——英國的前殖民地，而且英國有許多中東與印度移民，所以進口香料則以內需為主；德國則因為是工業大國，擁有許多食品廠而成為歐洲香料的最大市場。

整體而言，歐洲有將近 80% 的未加工香料都來自發展中國家與未開發國家（Eurostat, 2021），除了中國大陸近年來各方面強勢的出口表現外，其中許多國家以前都曾被當時歐洲列強殖民，或是本身就是歷史上著名的香料生產國。

現代國際貿易上最熱門香料也依循過去的傳統，以銷售總額來說，排名前五位的香料分別是胡椒、混合香料、薑黃、甜椒和番紅花，光是這五種香料的出口值在 2020 年時就約佔國際市場上銷售的香料的五分之四。若是以總量來說，2020 年前十大香料則為胡椒、薑黃、混合香料、甜椒、肉桂、生薑、芫荽籽、孜然、肉豆蔻和小豆蔻，都是歷史上已經慣用千年的香料，除了它們的香氣與料理上的價值外，其所帶來的營養價值加上近年的營養保健流行風氣，更是讓它們立於不敗之地。

此外，了解了香草香料後，國際上還有許多大大小小有趣的香料市集，從肯亞、杜拜、土耳其，一直到摩洛哥等地，著名的香料市集甚至擁有數百年的歷史，背後的故事與起源也令人玩味。

這一章我們一起來看香草香料的現況，還有這輩子值得至少拜訪一次的香料市集有哪些！

038

香料香草價格排行榜

一覽香料與香草的身價！

排名	香料名	台幣/100公克	主要產地
1	番紅花	16,470	西班牙、西亞、伊朗
2	圓葉櫻桃	5,048	伊朗、土耳其、敘利亞
3	香草莢	3,991	墨西哥、馬達加斯加、印尼、墨西哥、中國大陸
4	茴香花粉	2,942	印尼、土耳其、法國
5	長胡椒	2,933	印尼、印度、中國大陸
6	小豆蔻	1,875	印度、斯里蘭卡
7	黑種草籽（黑孜然籽）	1,780	伊朗、斯里蘭卡、孟加拉國、尼泊爾、埃及、伊拉克和巴基斯坦
8	天堂椒	1,763	西非地區（加納、利比亞、多哥和尼日利亞）
9	青檸葉	1,643	印度與東南亞
10	丁香	938	印尼摩鹿加群島
11	瓦哈卡風帕西拉乾辣椒	522	墨西哥
12	黑豆蔻	620	尼泊爾、印度、不丹
13	錫蘭肉桂	385	印尼、中國大陸、越南、斯里蘭卡
14	粉紅胡椒	381	越南、巴西、印尼、斯里蘭卡
15	黑胡椒	310	越南、巴西、印尼、印度
15	肉豆蔻	310	印尼、印度、瓜地馬拉、尼泊爾

＊美金：台幣＝1:31.98（2022年10月）

香料與香草的身價

台幣 / 100公克

香料	價格
番紅花	~16,000
圓葉當歸	
阿魏	
甘草粉	
荳蔻粉	
小荳蔻	
葛縷籽（蒔蘿籽）	
大茴香	
甜椒	
丁香	
印度什香料綜合香料	
肉荳蔻	
綠荳蔻粒	
綜合五香粉	
甜胡椒	
多香果	

0　5,000　10,000　15,000　20,000

Chapter 3　世界各地的香料、香草

109

039

香草香料的國際貿易現況

即使角色隨時間改變，仍在國際貿易上佔有一席之地。

根據統計，以芳香植物而言，光是印度就有超過7500種，常用於民俗療法，中國大陸約有6000種，非洲5000種，與歐洲2000種（其中約三分之二香草是原生種）等，很多都還是野生植物。

若僅針對料理而言，目前世界各地用於料理的香草香料種類大約有100多種，由於氣候的關係，亞洲與其他熱帶、亞熱帶地區是多數香料主要生產地，盛產的香料包含肉桂、胡椒、肉豆蔻、丁香和生薑，而歐洲、地中海與其他溫帶地區主要以香草為主，包含羅勒、月桂葉、芹菜葉、細香蔥、香菜、蒔蘿、百里香和西洋菜，美洲則主要生產胡椒、肉豆蔻、生薑、香草等。

根據Mintec Global市場研究指出，2022年全球香草香料市場佔計約達790億美元，市場預測2023年底，全球香料市場的價值可能超過1260億美元，Cision市場報告更預測2026年的香草香料及衍生調味品市場規模可能達到228.7億美元。同時，普遍市場調查發現，香草香料的需求取向正在改變，從原本的飲食偏好、美食享受等逐漸轉往健康營養層面，香草香料的使用方式從最原始的的醫藥保健，成為調味品，近年又逐漸重現於保健品。

香草香料國際上的市場規模佔比上，亞洲佔47%，其次是歐洲26%、北美17%、非洲4.5%、拉丁美洲和加勒比海3%，大洋洲則佔2.5%，世界上大多數香料都是在亞洲熱帶地區生產和加工，同時亞洲也是香料和香草的主要進口地區。

香草香料市場占比

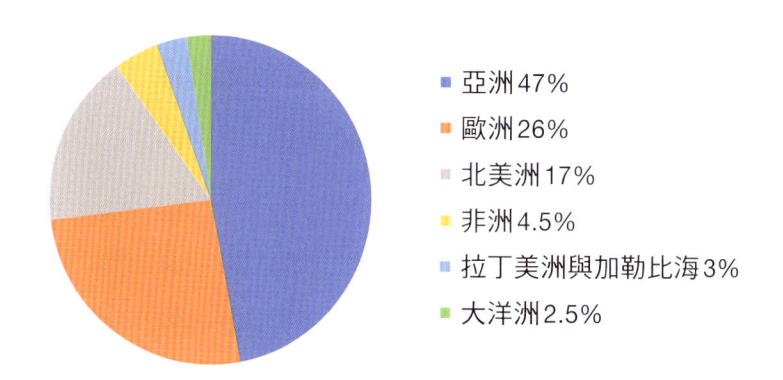

- 亞洲 47%
- 歐洲 26%
- 北美洲 17%
- 非洲 4.5%
- 拉丁美洲與加勒比海 3%
- 大洋洲 2.5%

　　歐洲雖然不是最大的進口地區，但香料進口的比例卻高達超過95%，而且多來自發展中國家，這和我們之前提到的歷史淵源有關，有些經常交易的出口國以前便是該歐洲國家的殖民地，例如英國進口印度香料；而荷蘭依舊延續從大航海時代的傳統，是歐洲香料的主要進口國之一。此外，以價格而言，歐洲進口香料的平均售價幾乎是亞洲同等香料的兩倍，因此，即使歐洲不是最大市場，卻成為多數出口國家最具獲利以及最主要的目標銷售地區，香料的生產與貿易路徑至今仍舊比較輾轉，通常先由亞洲加工生產廠在當地採購或透過貿易進口足夠數量的香料，加工完製後再出口至歐洲、美洲等地。

　　反觀香草，以料理習慣而言，亞洲料理使用的香草相對簡單，以蔥、薑、蒜、九層塔、芹菜、香菜等為大宗，地中海料理所使用的香草較多變化，但由於大部分的料理用香草源自地中海或歐洲其他地方，而且非常容易適應環境，很多甚至可以在野外輕易看見，因此無論東方或西方的生產商，都可以就地種植香草或利用溫室大量栽培，甚至消費者在自家也可以輕易以盆栽種植與自製乾燥香草，所以香草的進口活動就不如香料頻繁，價格也比較平易近人。

040

世界各地的香草香料市集①

跟著香料來一場世界之旅！

　　光是閱讀還滿足不了你的好奇心嗎？到世界各地知名的香草香料市集走走，除了能為嗅覺增添新的體驗之外，也將會為視覺與味蕾帶來一場震撼與嶄新的冒險！

印度德里 Khari Baoli

　　Khari Baoli 位於印度德里的法泰普里清真寺（Fatehpuri Masjid）旁，該清真寺於1650年興建，當時處於蒙古蒙兀兒帝國統治時期。而市集則是當時建造為動物洗澡的梯井，後來發展成為香料市集。這

印度德里 Khari Baoli
版權歸屬：Amit kg ／ shutterstock.com

裡很多的店家都是以原本成立時的數字編號來當作店名，而且很多小店舖都是代代相傳，例如第21號店鋪成立於十七世紀，至目前為止已經傳到家族第十代來經營。

因為是亞洲最大的香草香料批發市集，這裡的人大多是前來批發香料的貿易商，也有許多知名廚師會到此尋寶。整個市集因為商家眾多，小巷錯綜複雜猶如迷宮。豆蔻、肉桂、馬薩拉香料與各式咖哩粉等都是常見商品，也可以找到堅果與茶。各式香料、香草、堅果的強烈氣味瀰漫於空氣之中，忙碌而熱鬧，讓人彷彿置身另一個國度。

阿拉伯聯合大公國杜拜 Dubai Spice Souk

Spice Souk 是杜拜最老的傳統露天市集，也曾經是杜拜最大也最重要的市集，從1850年起開始發展，位於帆船停泊港口附近以便裝載貨品，因而促進貿易，是當地重要的商業發展中心與發源地，現在這裡充斥著當地人與遊客，是一個充滿活力、豐富多元的地方。

杜拜 Spice Souk
版權歸屬：Curioso.Photography ／ shutterstock.com

來到這裡，彷彿走進時光隧道，置身於神祕的古老阿拉伯場景，但同時旁邊又有大型購物中心，視覺上的衝突讓人驚艷，市集裡共有一百五十多間香料攤商，可以批發也能零售，這裡可以找到全世界品質最好的伊朗番紅花，到處都可以看到中東經典的各式香料與核果。阿拉伯商人很熱情，喜歡邀請遊客、買家到店內逛逛與嘗試，但別忘了阿拉伯人是歷史上傑出的貿易商人與說客，購買之前可別忘了殺價唷！

墨西哥瓦哈卡 Mercado Benito Juárez

墨西哥的香料使用習慣不同於歐洲，辣椒、巧克力與香草是調味的主流。因為地形的關係，墨西哥南部的大省瓦哈卡在十五世紀以前都只有當地原住民（Mixtec和Zapotec兩族），十五世紀時遭阿茲特克人入侵，但很快的十六世紀（西元1521年左右）又被西班牙殖

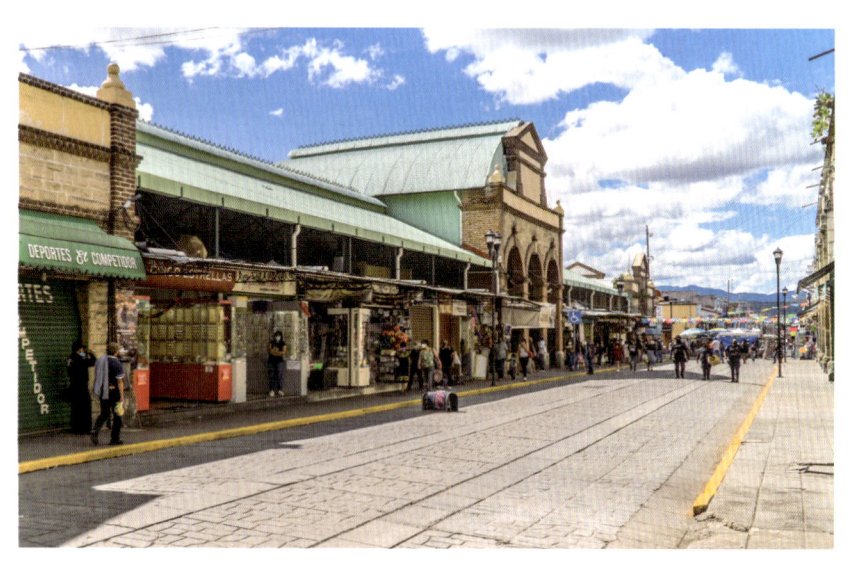

墨西哥瓦哈卡 Mercado Benito Juárez
版權歸屬：Roaming Pictures ／ shutterstock.com

民，因此到了瓦哈卡，可以看到融合新舊文明的瓦哈卡原住民文化，也可以看到巴洛克式的教堂與修道院，同時到處又充斥著大大小小的原住民市集。

　　瓦哈卡省的首都也名為瓦哈卡，有著超過三千年的歷史，經聯合國教科文組織認定為重要的世界遺產，也被認定是世界最美的城市之一。位在瓦哈卡市內的Mercado Benito Juárez市集裡更是展現著這樣的人文風情。

　　這個市集自1894年開始，走過了一百三十個年頭，大多是家族傳承的攤販，在這裡，我們可以找到種類繁多的辣椒、玉米餅、玉米片，還可以買到墨西哥玉米粽、辣巧克力醬，也有墨西哥巧克力煎餅、奶酪與玉米餅攤販。

　　此外，中美洲習慣食用昆蟲，在這裡也不例外，可以找到蚱蜢、螞蟻等街頭小吃，還有各種當地水果與蔬菜。墨西哥是美食國度，來到這裡一定要放膽一試，多元的料理，絕對會為味覺與嗅覺留下難忘的回憶！

041
世界各地的香草香料市集②
走進當地，品味在地風情！

摩洛哥馬拉喀什 Rahba Kedima

因為地理位置關係，位於北非的摩洛哥在歷史上長期受到歐洲、地中海與中東的影響，因此在香草香料使用習慣上獨樹一格，料理豐富多變、色彩鮮豔，而位在摩洛哥馬拉喀什的 Rahba Kedima 香草香料露天市集更是將這個特色展現得淋漓盡致。在這個市集可以看到八角茴香、肉桂、番紅花等經典香料，還有各式混合堅果的香草香料，例如北非經典綜合香料 Ras el hanout 混合了超過30種的香料。

除了香草香料，這裡還有許多手工藝品，例如現場編製的竹籃、

摩洛哥馬拉喀什 Rahba Kedima
版權歸屬：cktravels.com ／ shutterstock.com

手染的布料與皮革,而對於香料黑魔法有興趣的人更千萬不能錯過,因為這個市集裡也能找到蠍子、藥用水蛭、蝸牛和其他稀奇古怪的材料,甚至也有關於巫術和黑魔法施展時所需的商品,雖然多為噱頭,但仍很有賣點。這個市集充斥著各種氣味,隨著訪客的腳步而變化,不待嗅便自入其中,它將各式文化與美食完美融合,卻又多了幾分的神祕古怪與標新立異。

土耳其伊斯坦堡 Mısır Çarşısı

始於十七世紀的 Mısır Çarşısı,位於伊斯坦堡的 Eminönü 區,在著名的新清真寺後面,是土耳其最古老的室內市集之一。前身是威尼斯人和熱內亞人聚集的老舊雜貨商場,後來1597年時,由當時鄂圖曼帝國的莎菲耶蘇丹皇太后下令在此區建立新清真寺,並且將這個破舊的雜貨商場改裝成現在的樣子,再利用這裡的商業收入作為新清真寺的修繕資金。

土耳其伊斯坦堡 Mısır Çarşısı
版權歸屬:ColorMaker / shutterstock.com

而當清真寺蓋好了，市集也就這樣順勢被留下來營運至今。事實上，這個香料市集的原名為 Valide Bazaar，意即「母親市集」，用來紀念莎菲耶蘇丹皇太后，但後來因為多進口埃及的商品與香草香料，後人逐漸將之稱為 Mısır Çarşısı，意即「埃及市集」。主要分成兩大區，一區為香草香料，一區為棉花貿易，市集左右也有大型市集販售蔬菜、花卉、魚肉等，整個區域結合起來包羅萬象，應有盡有。

土耳其是美食國度，伊斯坦堡是美食之都，是歷史上絲路的最後一站，也是連接歐亞的樞紐，曾為希臘、羅馬、拜占庭、鄂圖曼帝國的首都，到此一遊，除了香草香料之旅能有所獲之外，文化、美食與建築都包準讓人眼界大開！

肯亞蒙巴薩香料市集 Mombasa Spice Market

蒙巴薩，肯亞第二大城市，是面向印度洋的中非東岸城市，也是肯亞的主要港口，歷史以來就是香料貿易的重要停泊點。根據紀錄，

肯亞蒙巴薩香料市集 Mombasa Spice Market
版權歸屬：Elen Marlen ／ shutterstock.com

這個港口西元前就和中國、印度等有貿易往來，以擁有象牙、黃金和香料聞名。十二世紀時，阿拉伯人也到此貿易，利用香料交換奴隸與象牙等，大航海時代又因為其港口靠近東印度，先後被阿曼王國（中東國家）、葡萄牙與英國殖民，來到這裡很難不注意到當地充斥著許多印度餐廳與印度人，主要是因為英國殖民時期，曾引進許多印度工人協助建築來往肯亞與烏干達的鐵路，後來鐵路完工後，印度人便在此落地生根。

　　現在這裡隨處可見熙熙攘攘的人潮，儼然是個文化大熔爐。蒙巴薩香料市集以印度常用香料為主，如薑黃、孜然、馬薩拉香料、小豆蔻和胡椒等隨處可見，而受英國殖民影響，這裡也可以找到各家獨特的咖哩粉，還有當地特色的蒙巴薩辣椒，強烈的辣度令人不敢輕易挑戰！

Chapter 4

香料、香草大集合

Great cooking is about being inspired by the simple things around you - fresh markets, various spices. It doesn't necessarily have to look fancy.

~ G. Garvin ~

　　美國知名主廚 G. Gavin 曾說：「好的料理不用看起來很絢麗，而是懂得從身邊簡單的食材與香草香料中得到靈感並呈現出來。」就像是在台灣，我們使用蔥、薑、蒜、辣椒、胡椒、五香等，做出了屬於我們的台灣味。

　　泰式料理則運用香茅、南薑、青檸葉、九層塔、辣椒、椰漿等呈現特色鮮明的泰式風味，越南更是運用香茅、南薑、九層塔等，創造出能在口中分段散發的優雅香氣。每個國家都有不同的料理特色，無論哪個國家，料理人所追求的就是能從酸、甜、苦、辣、鹹、鮮等味道中呈現出理想的平衡點，表達出專屬料理者的特色風格，但在有限的食材選擇下，為了能展現出不同的風味，如何運用不同的香草香料顯得至關重要。

　　香草香料或許只是料理中的配角，但透過它們的點綴，才可以讓味覺、視覺與嗅覺體驗無限可能。

　　如果單獨使用香草香料，它們就像是音符一樣，單音聽起來難免平淡，如果能聯合運用，便能像音符一樣譜出各種動人、優雅或輕快活潑的歌曲。

　　每一種香草香料的運用技巧看似類似卻又不同，有的可以生食，有的必須要焙炒後再燉煮，需要久煮才能釋放香氣，有的只能在料理上小量點綴，否則外放的香氣搶走了新鮮食材的風采；又由於它們曾是藥方，若運用得宜對身體實屬良方，但有些香料萬一不慎攝取太多，不但會造成身體負擔，甚至可能有致命危險，所以使用上也必須注意。透過這一章，我們能更深入了解如何選購、保存與相關應用，也可以對大部分的香草香料有基礎認識，甚至有些香草香料的外觀、來源與歷史可能會超出你原本的想像唷！

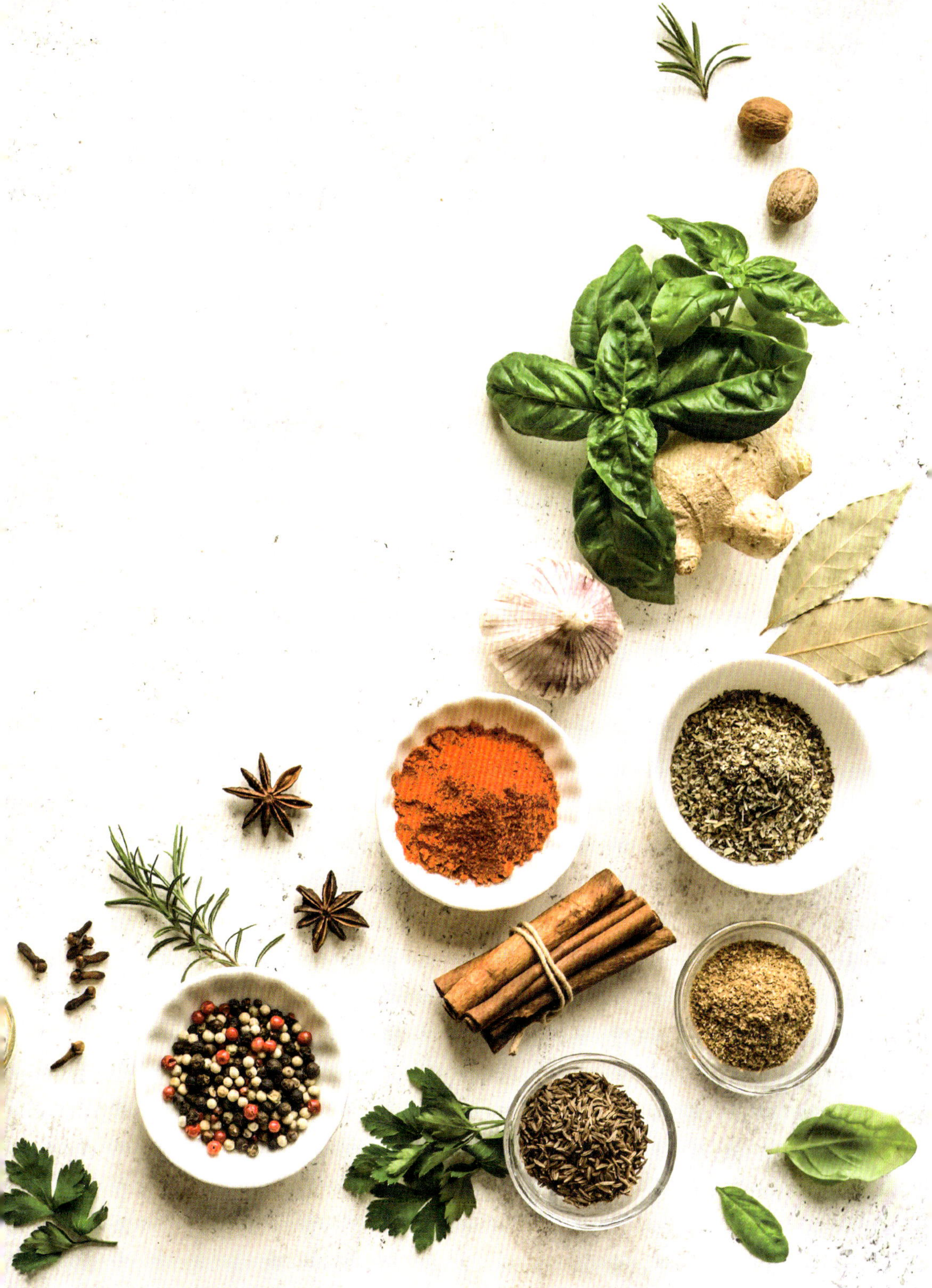

042
如何選購香料、香草

從細節把關,選擇品質最好的香草香料。

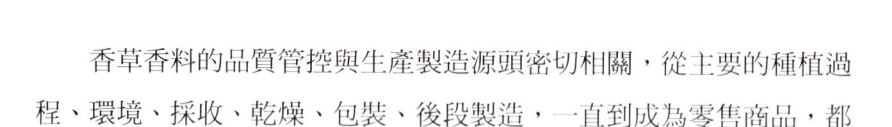

　　香草香料的品質管控與生產製造源頭密切相關,從主要的種植過程、環境、採收、乾燥、包裝、後段製造,一直到成為零售商品,都可能會有污染或任何影響品質的風險。

　　因此,歐美國家推行種植香草香料農場必須遵從良好農業規範（Good Agricultural Practices）,美國香料貿易協會（American Spice Trade Association）更制定香料潔淨規範,詳列不同香草香料可允許的生菌數、昆蟲數、外來物質的百分比,後段製造包裝加工的工廠則至少要有國際標準化組織ISO認證。如果是在台灣,除了ISO認證外,有些包裝工廠甚至有能涵蓋食物安全管制的「HACCP認證」,購買擁有這些認證的製造商的產品,都是比較有保障的選擇。

　　但是身為一般消費者,如果沒有產銷履歷,又或者是在無包裝的香料店中,很難追溯品質,上述各種認證也不容易立刻追查,這時候就可以利用以下幾個方式確認是否值得購買:

　　保存期限與拆封日期:香草香料最重要的就是新鮮度,尤其已經磨碎成為粉末狀或者已經混合的香草香料,香氣喪失得很快,磨碎的成品最好在製成之後6～12個月內使用完畢,如果對於保存期限有疑慮,可以請教賣家,專業的賣家必須要能清楚肯定的回答。

　　外觀完整:原粒、原片的香料外觀盡可能的完整且飽滿,例如八角茴香的形狀盡可能保持完整,而非多處破損。

　　是否受微生物感染:絕對不能受潮,仔細觀察粉末香草香料是否

有結塊、發霉或是異常黑點，若能當場開瓶開罐，打開時應該要可以立即聞到明顯香氣而非悶臭味。

直接感受：如果可以試聞香料甚至試吃香料，一定要嘗試，好的香料在開蓋時香味撲鼻，這是最直接的答案，也可以放一小匙在掌心，用手指搓揉，香氣應該要鮮明清新，如果發霉、受潮、或是產品擺放過久，味道便會散失甚至產生霉味。

產地：同一種香草香料，不同產地也會影響其風味，比如品質最好的番紅花在伊朗，新幾內亞的香草莢是同款中品質最優，肉桂以錫蘭品種勝過墨西哥品種等。

店內保存香料的方法：店內潔淨程度也很重要，店家是否使用密封罐，直接暴露在外的散裝香料千萬不買，產品若直接受日光曝曬也會加速喪失風味。

找口碑良好的賣家：這一類的賣家產品流通速度也會比較快，比較能確保香草香料的新鮮度。

挑選香料的辦法

- 保存期限
- 認證保障
- 保存方式
- 口碑良好的賣家
- 香料產地

043

如何保存新鮮香草

利用生活小技巧，保存新鮮香草的最佳風味。

大多數的香草都可以新鮮食用，而且即使是同一款香草，新鮮香草與乾燥香草的風味仍有不同的迷人之處，只是新鮮香草的保存期限相對短很多。通常，將買回來的新鮮香草放在密閉塑膠袋後於冰箱保存是最簡單的方法，除此之外，可以試試以下幾種方式：

A. 短期水耕法

1. 將新鮮香草的莖部修剪整齊，枯葉可以拔乾淨
2. 準備一個容器，裝三分之一到二分之一滿的冷水
3. 將修剪整理好的香草放到步驟2的容器中
4. 準備一個大的透明塑膠袋，戳3～4個小洞，再用此塑膠袋把香草與容器罩住
5. 將塑膠袋底部綁好
6. 可以將此香草盆栽置光線良好的地方

香草短期水耕

B. 製作香草奶油塊

1. 將香草清洗乾淨後擦乾，切碎或切成小段
2. 準備無鹽奶油，室溫放軟但是不可以融化
3. 將放軟的無鹽奶油與香草混合，混合方式有兩種，擇一即可：

    a) 將兩者放在同一個塑膠夾鏈袋中，用手隔著塑膠袋將奶油與香草捏均勻後，繼續留在夾鏈袋中，接著用擀麵棍透過夾鏈袋將香草奶油擀成厚度約0.5公分的香草奶油厚片，放入冰箱冷凍留作日後使用，之後需要多少都可以用手扳下或是用刀切出。

    b) 將奶油與新鮮碎香草放在攪拌盆中攪拌均勻，另外準備一張烘焙紙，將攪拌好的香草奶油用兩支湯匙撈出塑形，就像做迷你冰淇淋球一樣，先放在烘焙紙上，再放入冰箱冷藏或冷凍都可以，低溫成形後將之聚集放入盒子或塑膠夾鏈袋中，再放入冰箱冷凍保存，日後可以單顆拿出來使用。

香草奶油塊

C.製作香草橄欖油冰塊

1. 將香草清洗乾淨後擦乾,切碎或切成小段。
2. 準備製冰盒,將香草放在製冰盒的格子內。
3. 將橄欖油倒入製冰盒內。
4. 放到冰箱冷凍,日後若需要使用可以單顆拿出來使用。

※如果不想要使用這麼大量的油,可以先將香草切碎之後,與少量橄欖油(食用油)混合均勻後一起放入密封袋中,密封袋開口處先留一個小孔,然後將空氣往小孔方向擠出,密封後壓平即可放入冷凍庫,之後需要時,依照所需使用的量撥下即可。

香草橄欖油冰塊

044

香料與乾燥香草保存

建議小量購買,避免久放而喪失最道地的風味。

　　與新鮮香草相比,香料與乾燥香草保留風味的方法簡單許多,期限也更長久,例如肉桂棒、丁香、八角茴香、杜松子等,因為顆粒完整,在還沒有被磨碎之前,只要保持乾燥密封,不要讓陽光直曬,保存期限可以長達2年以上。不過一旦被磨碎,由於表面積增加,使其氧化機率提高,粉末狀也較容易受潮,氣味更容易在磨碎與保存過程中喪失,因此若是粉末狀的香草香料,未開封者保存期限最長1年,

⌛ = 1個月

原粒香料　⌛⌛⌛⌛⌛⌛ ⌛⌛⌛⌛⌛⌛ ⌛⌛⌛⌛⌛⌛ ⌛⌛⌛⌛⌛⌛

乾燥香草　⌛⌛⌛⌛⌛⌛

粉狀香料　⌛⌛⌛⌛⌛⌛

混合香草香料　⌛⌛⌛⌛⌛⌛

各式香料保存期限比較圖

127

開封後盡可能在6個月內食用完畢,並且在使用過程中避免受到熱氣與水氣影響,否則容易受潮、滋生細菌、變質而影響食用安全與風味。

整體來說,比較理想的香料購買方式應該是小量採買,如果無法在採買後3個月內食用完畢,可以先準備一個小罐子,將近期需要的香料分裝在這個罐子中,原包裝於分裝好後盡快密封收好。而使用香料的時候,避免直接在料理的蒸氣上方開蓋灑粉,而原粒的香料則在使用前研磨即可。

如果購買無包裝的香草香料或自製乾燥香草,居家保存期限可以參考以下:

種類	居家保存期限	備註
原粒香料	1～2年	丁香、肉豆蔻、肉桂棒可以長達兩年以上
粉狀香料	6個月	
乾燥香草	6個月	
混合香草香料	6個月	

* 以上參考自由 University of Idaho、Oregon State University、Washington State University 聯合發表的 A Pacific Northwest Extension Publication 期刊 Storing Food for Safety and Quality 一文。

打造家庭香草園！
初學者種植建議

一邊培育一邊認識香草，規劃自己最常用的香草花園。

自己在家種植香草，不但隨時能有新鮮香草可用，有些香草的氣味鮮明，也可以讓家中多一份情調，讓身心靈都與大自然更接近。

就算沒有自家花園，只要擁有陽光充足的陽台或擁有滿滿日光的一扇窗，一樣可以完成。通常在家種植的香草有幾種來源，一種是在市場上買到帶有根部的香草，例如最常見的蔥；一種是新鮮的木質莖香草，例如薄荷、奧勒岡葉；或者到花市購買種子從頭開始。只要掌握好以下訣竅，就能打造屬於自己的香草花園！

打造香草溫暖的家：

- **充足的日光**：種植的位置每天至少要有3～6小時的日照，如果是熱帶、亞熱帶的香草，如九層塔、檸檬香茅、紫蘇等，日照最好至少有6小時，地中海的香草如薰衣草、迷迭香、百里香等，可以低於6小時。
- **溫和的溫度**：一般適合香草植物生長的環境溫度約為15～25℃。
- **保持土壤濕潤不積水**：可以依據天氣狀況，每1～3天澆一次水即可，澆水時間挑選在早上或日落之後，並且不要將水澆在葉子上，而是澆在土壤上，並保持花盆排水良好，避免水分滯留在根部造成根部腐敗。

- **施肥：** 每 1～2 個月可以施肥一次，肥料寧可少給也不要多放，以免植物因鹽分過高而枯萎。
- **採收：** 每天採收最佳時間點為早上 10 點左右，這時候通常空氣溫度適中，可以經常修剪大片的葉子。開花時葉片味道會改變，因此可以選在開花之前採收。
- **土壤選擇：** 香草需要排水性良好的土壤，可以使用培養土與珍珠石等比例混合的土壤。

如何種植：

- **直接種植：** 常見於購買帶根部的香草，將購回的新鮮香草的根部用冷水稍作清理，準備一個小花盆，盆內土壤先挖一個小洞，將香草

香草種植

根部插入其中，以土壤將根部覆蓋好後，再澆水，幾天後，你的香草盆栽應該就會在它的新家扎根站穩囉！

- **扦插**：特別適用於木質莖的香草如薄荷、迷迭香、百里香、羅勒、九層塔、左手香及芳香萬壽菊等，一般會取長約十至十二公分的健壯枝條，並將尾端三至四公分葉子拔除，直接插進土壤中，將土壤壓實，使枝條站穩，澆水，香草會在土壤內重新長根，大約一週後可以感受到植株恢復原有的活力，這一週可以將盆栽放在弱光處，並避免強烈的風吹向植物。

- **從種子開始培育**：香草種子通常都很小，發芽率偏低，可以先用水浸泡，放在暗處，等發芽之後再移植至土壤中。每一盆可以放 2～3 株小苗，移植至土壤的動作要輕柔，澆水也要溫和，避免直接將水淋在小苗上而使小苗受傷。移植後第一週先放在光線溫和的地方，也可以套上透明塑膠袋，保持土壤濕潤，等小苗更健壯一些，再將塑膠袋移開。

認識香草

046

青蔥
Spring onion

學　　　名：*Allium fistulosum L.*
英文別名：Scallion, Spring onion
中文別名：青蔥、蔥
原　產　地：中國西北部及西伯利亞
現在主要產地：現為亞洲各地常見食材
食用部位：地上部的莖（蔥白）與葉（蔥葉）
風　　　味：生食風味辛辣混合青草香，熟食辛辣風味消失

　　青蔥是華人再熟悉不過的香草，原產地在西伯利亞與中國大陸西北部，但受到早期中國大陸移民的影響，現在台灣各地皆可看到青蔥。目前全台灣青蔥的種植面積約有5000公頃，年產量約十萬噸，全國各地都有，主要種植地集中在北部、中部、南部，是台灣重要的經濟作物之一。

　　青蔥的種子適合在15℃～25℃的溫度發芽，可以依照生長季節做分類，夏季生長、冬季休眠的稱之為夏蔥，冬季不休眠的稱之為冬蔥，食用的部位為地上部的莖（俗稱蔥白）與葉子（俗稱蔥葉）。以台灣常見的亞種來分辨，可分為北蔥，其口感較硬且辛辣；四季蔥，葉嫩而口感溫順，還有與四季蔥同品種但體型較小的粉蔥。

　　由於蔥源自於寒冷地區，即使已在台灣當地馴化，仍舊屬於不耐熱的香草植物，所以一般來講，冬季的蔥品質與口感略勝夏季，挑選時要盡量找葉身完整無蟲害、無腐爛或枯黃者。仔細來看，品質好的

蔥，蔥白粗長潔淨，蔥葉厚，鮮綠而且清脆柔嫩。

以地區來講，台灣宜蘭三星鄉剛好有適宜的氣候，乾淨的水源，蔥農也對品質多有要求，加上精準的採收時機，讓大部分的三星蔥可以保有蔥葉翠綠、蔥白長，以及蔥味足夠的優異品質。

由於青蔥含有豐富的膳食纖維，可以改善便祕，又含有維生素C、E、鉀、鎂、鐵等與礦物質，可以增強體力，其中的二烯丙基硫化物，更能促進消化，增進食慾。此外，蔥葉有降脂的功效，多吃能促進脂肪的分解，可以幫助預防高血壓和高血脂。

蔥能搭配的食材很廣，肉類、海鮮、蔬菜、麵食包餡，甚至單獨食用都可以，並且適用於煎、煮、炒與烘烤，可以切成蔥段、蔥絲、捲蔥絲、斜蔥絲、蔥捲等，變化很多，下鍋時要注意，蔥白比較耐煮，適合先下鍋，亦可使用蔥白爆香，蔥綠則通常在起鍋前下鍋，快速煮軟即可，同時無論是蔥白或蔥綠，都可以生食。

蔥花是家常菜中常見的佐料

如何保存

如果買的蔥是完整含根部甚至帶有土壤殘渣的，可以簡單像包裝花束一樣包一下青蔥，保持根部潮濕與葉部透氣，直立放在陰暗處，如此能放上數個禮拜至一個月；另外可以將蔥切成蔥末或蔥段，擦乾後置於冷藏，2～3個禮拜內使用完畢，而經過乾燥處理或切段後冷凍的蔥可放一個月。

認識香草

047

紅蔥頭／珠蔥
Shallots

學　　　名：*Allium ascalonicum L.*
英文別名：Shallots, Eschalots, French shallots
中文別名：火蔥、紅蔥、珠蔥、分蔥、四季蔥、大頭蔥
原　產　地：巴勒斯坦、敘利亞
現在主要產地：中國、印度、巴基斯坦等
食用部位：鱗莖與葉
風　　　味：葉片清香甘甜，鱗莖口感類似洋蔥，鮮甜中帶微微的辛辣

　　紅蔥頭是個有趣的香草香料，很多人只見名字會誤以為是紅洋蔥，其實紅蔥頭與紅洋蔥同屬，親緣近但不同種。當我們稱它為紅蔥頭時，它是鱗莖，可以食用，貌似大蒜，台式料理常用來做炸油蔥酥。當紅蔥頭長出葉子後，葉片鮮綠、圓筒且中空，因為鱗莖在葉片基部膨大成一顆小球狀，所以大部分人稱之為珠蔥，植株的鱗莖白紫交雜，所以又俗稱紅蔥，貌似青蔥但與青蔥的口味不相同，珠蔥的口感較溫和而香甜。

　　紅蔥頭喜歡低溫，因此產季以冬季到春初為主，帶綠葉的珠蔥則一年四季都可以採收，也適合在家種植，品質好的珠蔥鱗莖潔淨結實，葉片鮮綠不枯黃，保存方式與青蔥相同。

　　古希臘與古羅馬人非常喜愛紅蔥頭的美味，更認為紅蔥頭具有催情效果，事實上，紅蔥頭跟大蒜、洋蔥一樣，含有豐富的礦物質、維

生素、微量元素和具有抗氧化效果的槲皮素、山奈酚和大蒜素,對健康有益,可以保護細胞免於自由基的侵害,其他醫學研究也指出萃取過後的紅蔥頭可以降低過敏症狀、降低血糖、維持心臟健康與降低身體總脂肪。

不過紅蔥頭在歐洲傳播開的時間較晚,根據記載,一直到十一世紀十字軍東征時,十字軍才將之從以色列的港口帶回歐洲,所以它的種名Ascalonium取自於以色列港口Ashkelon的名稱。紅蔥頭傳到了法國後,法國人愛上了它鮮甜的味道並大量使用在料理上,舉凡他們的伯納西醬、白奶油醬、牛排搭配碎蔥葉,甚至食用生蠔時調製的白醋醬料都少不了紅蔥頭的加持,是歐洲最喜歡將紅蔥頭加入料理的國家。

西式料理常使用紅蔥頭來燉肉,或是加入烤雞的肉汁料理成搭配烤雞的醬汁,也可以切碎後加入生菜沙拉。除此之外,也能將紅蔥頭切碎,加入橄欖油與少許鹽巴制成速成沙拉醬料,或者改加入白醋就成了生蠔絕佳的去腥提味調料。更棒的是,溫和的紅蔥頭有洋蔥的美味但沒有洋蔥的刺激,因此不會一邊處理一邊流眼淚唷!

認識香草

048

洋香菜
Parsley

學　　　名：*Petroselinum crispum*
英文別名：Parsley, Garden parsley
中文別名：香芹、巴西利、巴西里、洋香菜、歐芹、洋芫荽、番芫荽、荷蘭芹
原　產　地：地中海地區
現在主要產地：歐洲與中亞普遍可見，法國、德國、波蘭、匈牙利、印度和埃及
食用部位：以葉片為主，歐芹根該品種則以根部為主
風　　　味：特殊青草香氣，略有茴香與檸檬香，輕微辛辣與輕微苦澀

　　洋香菜是歐洲最常見的香草食材，如果到歐洲市場買魚，還經常會附贈一把，因此幾乎是家家戶戶都有。這個源自地中海的香草已經有兩千多年的使用歷史了，一開始的洋香菜僅在地中海地區，現在卻是全歐洲最廣泛使用的香草，歷史學家將這一現象歸功於神聖羅馬帝國的查理大帝，因為當其在位時，版圖涵蓋了幾乎所有的西歐與南歐，而他要求要廣泛種植洋香菜，也因此中古世紀時，皇宮、修道院與貴族花園都可以見到洋香菜。

　　溫帶地區的洋香菜對環境適應力極高，栽培容易，因此容易傳播，但是不耐乾旱，保持土壤濕潤是種植關鍵。即使一年四季都可以生長，春末到秋末之間收成的洋香菜風味仍略勝一籌。常用的洋香菜有三種，一種葉子平面，狀似羽毛，主要用來做料理調味；第二種洋香菜葉面捲曲，經常作為點綴料理使用；洋香菜還有一個亞種，根部

膨大，可以做為香料食用，普遍稱作歐芹根。挑選洋香菜的不二法門即是看葉子是否鮮綠，葉片完整新鮮，不因缺水萎縮或枯黃。

新鮮的洋香菜香氣獨特，無論是沙拉，或是香煎、燉煮的肉類、魚類，都非常適合，可以為料理增添更豐富的風味，但是新鮮的洋香菜不耐久煮，香氣容易變質與喪失，一般都是在料理完成前才加入，或是生食、點綴。而乾燥的洋香菜風味則大不相同，因為經過風乾處理，風味變得較沉並略帶土味，耐久煮也耐高溫，通常兩者並不互相替代，如果沒有新鮮洋香菜，可以用香葉芹（Chervil）替代。

洋香菜富含維生素A、C、K和礦物質如：鎂、鉀、葉酸、鐵和鈣，對於補充體力、增進免疫力、增進骨頭健康與改善血栓狀況都有很好的幫助。在地中海地區常見使用洋香菜、大蒜、橄欖油、芫荽葉做成的沾醬，簡單快速，風味鮮明而美味唷！

你知道嗎？

古希臘人認為洋香菜既神聖又邪惡，並且用洋香菜來覆蓋墳墓，因此，一句源自中古世紀的拉丁俚語：De'eis thai selinon 直譯為「只需要洋香菜了」，是婉轉的表達「一隻腳在墳墓裡（人之將亡）」的意思，而其神聖的意涵，也讓古希臘人頒發洋香菜給勝利的運動員作為肯定喔！

如何保存

儲存新鮮洋香菜最常見的方法是將葉柄放入水中並置於陰涼通風處或是冰箱中。

另一種儲存方法則是將其製成乾燥香草，但是要記得，如果不得已要使用乾燥洋香菜代替新鮮洋香菜，使用的份量要近乎新鮮的兩倍，才能略展類似的風味。

平葉洋香菜味道及香氣明顯,多用於料理調味。

捲葉洋香菜氣味較淡,口感較差,多用來裝飾擺盤。

認識香草

019

香菜
Cilantro

學　　　名：*Coriandrum sativum*
英 文 別 名：Chinese parsley, Dhania, Cilantro, Coriander
中 文 別 名：香菜、芫荽、鹽荽、胡荽、香荽、延荽、漫天星
原　產　地：義大利、地中海、西亞地區
現在主要產地：世界各地皆廣泛種植，特別是印度、土耳其。
食 用 部 位：葉、葉柄、根部
風　　　味：葉片、葉柄與根部的風味都很類似，帶有胡椒、檸檬與嫩薑混合的青草氣味

　　香菜原產於地中海，有細長的葉柄和羽毛般的葉片，是大家都認識的香草食材，和芹菜與洋香菜屬同一科植物，是全世界最廣泛應用於料理的香草之一，在台灣料理中也很常見。香菜的風味特殊，可以為食物增添一股獨特的鮮味，讓人不是非常喜愛就是退避三舍。

　　古羅馬很早就將香菜融入料理之中，當時學者老普林尼便曾在《博物誌》中記錄香菜具有許多重要的醫藥用途，例如改善消化、脹氣與失眠；墨西哥人使用香菜為傳統湯藥調味，改善難以入喉的藥味；印度的阿育吠陀醫學也使用香菜來調整消化系統，淨化身體。近年來有非常多的研究調查香菜對身體的益處，它含有許多基礎營養素，如鈣、鉀、鐵、維生素 A、E 和 K 以及葉酸，更有研究指出香菜可能成為天然抗生素，以及進一步開發出治療糖尿病的醫療用途。

由於香菜不耐煮，通常建議放在料理的最後一個步驟，甚至起鍋後撒上去即可。在亞洲，香菜常與青蔥、薑等一同為料理調味；拉丁美洲料理則偏好結合香菜與辣椒的風味；泰式咖哩會使用香菜的根部調味；中東料理則可常見於沙拉、優格與香料飯，並結合其他香料如孜然、洋蔥，再淋上橄欖油與檸檬汁，可以簡單地製作道地的中東風味料理；南歐則喜歡用香菜為貝類料理調味，為海鮮的鮮甜味增添一股特殊的清香。一般說來，香菜可以搭配酪梨、椰奶、海鮮、沙拉蔬菜與香料飯，適合一起使用的香料包含辣椒、蒔蘿、大蒜、薑、薄荷、南薑與羅勒。

購買香菜時，應盡量挑選葉片與莖部顏色翠綠，沒有損傷且菜梗沒有斷裂的香菜，由於香菜葉片與葉柄比較細軟，容易缺水，葉片便會枯黃、腐爛與暗沉，買回家後，如果放在塑膠袋並置於冰箱，可以

經典小吃大腸麵線上經常加香菜調味

保存3-4天,而如果購買時香菜狀況良好,可將新鮮香菜插在水裡,簡易的水耕法可以維持一週左右的新鮮度。

※ 香菜的種子也具有特殊香氣,能夠加入料理,但氣味大不相同,通常被歸類於香料,我們會將香菜籽列於香料部分再次說明。

是美味還是肥皂味?

香菜特殊的氣味來自其中的醛類,剛好受到有些人天生帶有的OR6A2嗅覺受器的影響,會將這股味道判斷成肥皂氣味而極度排斥香菜,大眾對香菜喜好因此評價兩極,成了讓人極度喜愛或極度討厭的香草,好險這是因為嗅覺的影響而非味覺,所以如果擔心食用者排斥香菜味道,可以試著將香菜切碎,靜置一段時間,等特殊香氣退散後,再加入料理當中。

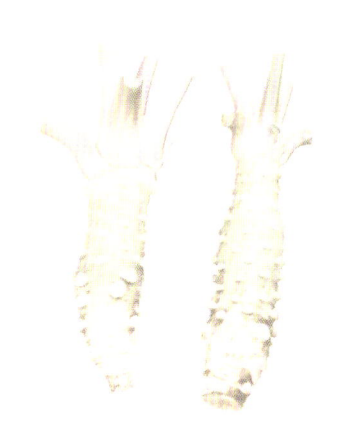

認識香草

050

蒔蘿
Dill

學　　　名：*Anethum graveolens*
英 文 別 名：Dill, Dill weed
中 文 別 名：蒔蘿、刁草
原　產　地：西亞、地中海沿岸地區
現在主要產地：土耳其、德國、英國及印度等國
食 用 部 位：葉片與種子
風　　　味：葉片香氣是茴香籽、檸檬、洋香菜的綜合，但是香味更持久。種子香氣則類似陳皮與茴香的混合

　　早在五千年前的古埃及便記載蒔蘿是重要的居家香草，可以舒緩許多身體不適症狀。根據記載，西元前三千年前的巴比倫文化也已經了解如何居家種植蒔蘿，古羅馬老普林尼的《博物誌》中也詳細記錄了蒔蘿的重要性，而古羅馬時期的角鬥士也會在飲食中放入蒔蘿，因為他們相信蒔蘿可以帶給他們勇氣與力量。由於蒔蘿耐寒性佳，七世紀起，蒔蘿在英格蘭開始普及化，並逐漸成為北歐常見食材。

　　蒔蘿源自於地中海地區，是南歐常見的料理香草。學名中，屬名Anethum在希臘文的意思是生命力旺盛、向上生長，種名Graveolens指的是強烈香氣，這兩個字便清楚說明這類香草的強韌特性。蒔蘿和茴香、洋香菜與芫荽等都是同科的植物，所以它的香氣與外表都與甜茴香的葉片相似，又帶有洋香菜的辛香與芫荽的青草味，但其莖部與甜茴香不同，內部是中空的，並具有聚生成繖形的花序，因此結成的

種子非常好採集。一般在購買新鮮葉片時，要注意葉片是否顏色翠綠且莖部挺直，而乾燥的葉片則是在開蓋時氣味清香撲鼻。

蒔蘿味道鮮明辛辣的原因是因為含有較高含量的香芹酮，也因為這一特殊成分，讓蒔蘿在抗脹氣、保健腸胃上非常有益。它也富含維生素A、C、鈣質、鐵質與類黃酮等，更有許多藥學研究指出蒔蘿可能應用在心血管疾病、降低膽固醇與改善第二型糖尿病等狀況。

除了肉類之外，蒔蘿的葉片非常適合用在魚類及其他海鮮料理，除了可以去除腥味外，還可增添一股淡淡的青檸清新風味；海鮮料理運用上，可以再搭配大蒜、洋香菜、甜椒粉等，淋上一點橄欖油，利用烤箱保留香草風味，完成後與海鮮的鮮味一同堆疊出豐富的口感，非常推薦嘗試！而帶有微微陳皮味道的蒔蘿籽香氣要經過加熱才會顯現，可以事先焙炒，也適合用於可久煮的蔬菜如甘藍、南瓜與馬鈴薯等，再搭配芫荽籽、大蒜、孜然、甚至薑與薑黃。

蒔蘿常作為海鮮料理的點綴

你知道嗎？

蒔蘿籽在中古時代它被稱為「會客用的種子」，因為據說在教堂禮拜時，與會的信徒可以咀嚼蒔蘿籽以保持清醒，甚至可以預防胃部因為帶有空氣產生的咕嚕聲，以免打擾禮拜。

> 認識香草

051

茴香
Fennel

學　　　名：*Foeniculum vulgare*
英文別名：Fennel, Sweet fennel, Wild fennel
中文別名：茴香、甜茴香、茴香籽
原　產　地：地中海、南亞、西亞
現在主要產地：印度、敘利亞
食用部位：嫩葉、莖、花、花粉、種子
風　　　味：各部位皆帶有大茴香、八角、甘草、蒔蘿等混合香氣，種子更帶有淡淡柑橘味。

　　茴香是西餐飲食調味的要角，很早就已遍布於歐亞，它和洋香菜同科，喜歡充足的陽光，葉片如針狀細長、濃密且香氣十足，有一顆膨大的球莖，球莖堆疊的外貌看似洋蔥，但口感脆度卻與芹菜葉柄類似，清脆爽口，但帶有淡淡的八角與甘草香氣，新鮮茴香在歐洲被視為蔬菜的一種。

　　茴香含有茴香酮、茴香腦等化學成份，不但可以鎮靜止痛，更具有促進消化、催奶、預防便祕、提高免疫力的功效，因此衍生為芳療中常見的精油，過去它曾是針對腸胃不適、經期不順的廣效家常藥草。

　　在中華文化裡，茴香也可以用來治療蛇咬，以中醫觀點來說，茴香能溫肝腎，暖胃氣，散寒止痛，理氣和胃，對於婦女痛經，腹部脹痛，吐瀉等症狀也多有幫助。

　　茴香所有地上部位都可以食用，包含它的花朵與種子，茴香籽經

過焙烤之後，香氣濃郁，味道清甜，與八角類似，可以加入麵包、餅乾或各式餡料，也可入中藥，有些義式香腸也含有茴香籽。莖部可以加入魚肉料理一起烘烤或燉煮，是歐美非常常見的料理方式。幼嫩的葉子可以加入沙拉作為沙拉蔬菜的一部分或調味料，而肥厚膨大的葉柄則可成為沙拉食材，可以生吃也可以烤過後再食用。茴香籽在印度可以直接食用，做為飯後口齒清香的輔助香料，直接入口芳香微辛，也可以製成茶包沖泡飲用，茴香籽泡茶能更顯其陳皮味。

　　茴香的莖與葉料理方式有如一般蔬菜，適合用於豆類、甘藍、甜菜根，也適合各式雞、鴨、魚肉甚至海鮮。莖部耐久煮，南歐時常將之用於烤魚料理，一同放入烤箱，或是直接烤過後，加上一些橄欖油與鹽巴就很美味，葉子的部分則建議在料理最後一個步驟再加入即可。茴香籽是五香粉的基本材料，可與其他香料如肉桂、孜然、檸檬葉、薄荷、洋香菜、百里香等一同搭配。

茴香的莖也可以拿來當作料理食材

你知道嗎？

中世紀歐洲可見將茴香吊掛於門口，用來驅逐惡靈，以保家庭安康。此外，茴香也與馬拉松有著一段有趣的淵源，據說西元前490年，古希臘人菲迪皮德斯（Pheidippides）在與波斯人的馬拉松一役中帶著茴香莖跑了150英里（約240公里），2天內跑到斯巴達集結士兵，這一場戰爭本身也是在一片茴香田上進行的，更是馬拉松這項運動的靈感由來。

易混淆名稱

如果以中文來稱呼Fennel和Cumin常會有混淆情事，可以用以下規則來分辨：

	Fennel	Cumin
食品界	甜茴香、茴香	小茴香、孜然
中藥界	小茴香、茴香	孜然

認識香草

052

薄荷
Mint

屬　　　名：*Mentha*
英 文 別 名：Mint
中 文 別 名：薄荷
原 產 　 地：地中海地區及西亞
現在主要產地：美國、西班牙、義大利、法國、英國、巴爾幹半島
食 用 部 位：葉片，花朵可做料理點綴
風　　　味：香味清新鮮明，甜潤中帶有特殊辛辣口感與淡淡檸檬清香

　　原生於地中海的薄荷是大眾最熟悉的香草之一，居家種植時，只要土壤肥沃，陽光充足但不直射，排水良好，薄荷非常容易生長。由於薄荷極易雜交，因此種類相當多，最常用於料理的可分為綠薄荷（spearmint）與胡椒薄荷（peppermint）兩大類，綠薄荷葉片為亮綠色，葉較狹長，有纖細鋸齒狀，但薄荷味較溫和，適合用於料理與茶飲；胡椒薄荷是水薄荷和綠薄荷的混種，葉片顏色較深，小而圓，葉緣也有鋸齒，它的薄荷腦香氣鮮明，適合用於精油製作。由於薄荷喜歡潮濕的天氣，因此，有人說英國產的薄荷是全世界最好的。

　　早在古希臘時期，人們便懂得將薄荷葉塗抹在手臂上作為簡易香水，古希臘與古羅馬人也懂得將之用於料理，或浸漬在酒中為酒調香，以及作為家中擺飾改善環境氣味。西元前1550年的古埃及醫學文獻便記載著薄荷可以幫助消化和舒緩腸胃脹氣，現代科學研究也表

明因為薄荷的抗氧化力、特殊的植化素，經過萃取後，能預防癌症、抗肥胖、抗菌、抗發炎、抗糖尿病和心臟保護作用；而在生活當中，最直接的功效就是清涼醒腦、健胃整腸與改善口氣。薄荷在日常用品上的應用最為廣泛，從牙膏、口香糖到蚊蟲叮咬藥膏都可見到，也是大眾喜惡分明的香氣。

新鮮薄荷葉買回家之後，如果尚留有完整枝條，可以將之插在水中，單獨留著葉片也可製作香草冰塊、橄欖油冰塊或是自製乾燥薄荷，但是如果未密封處理而直接放在冰箱，葉片很容易發黑變質。

薄荷在西方料理中常用於蘿蔔、茄子、櫛瓜、馬鈴薯、番茄等燉煮料理的調香，以及各式肉品與沾醬提味，中東更是常將新鮮薄荷用於沙拉與優格沾醬，越南春捲中薄荷也是熱門食材，東南亞更會將香辣過癮的參巴醬與新鮮薄荷混合調味，創造出清新又香辣的豐富口感，飲品方面，除了薄荷茶之外，更有名的飲品則是以古巴 Mojito 調酒為主，內容物包含了薄荷、萊姆檸檬、甘蔗糖和萊姆酒。

摩洛哥國民飲品：薄荷茶。薄荷清新的香氣被視為熱情好客的象徵。在中東，當客人來訪時，多數人家都會使用薄荷茶來迎接唷！

認識香草

053

百里香
Thyme

屬　　　名：*Thymus*
英 文 別 名：Common thyme, Garden thyme
中 文 別 名：百里香、麝香草
原　產　地：南歐、北非、地中海
現在主要產地：中國、南歐、中亞、土耳其
食 用 部 位：葉片與莖部皆可入料理，花可作為料理點綴
風　　　味：有丁香、薄荷、胡椒與淡淡的樟腦混合香氣，生食口感微辛並帶有青草清新味

　　百里香原產於波斯、地中海區域，喜歡溫暖與日光直射的環境，在地中海的小山丘上時常可見。古埃及人很早便懂得利用百里香作為防腐劑，古希臘人與古羅馬人更懂得善用其在咳嗽、消炎上的功效，西元一世紀時迪奧斯科里德斯的《藥物論》和老普林尼《博物誌》上都記載著這個重要的香草。

　　百里香細長的木質莖連接數片細小的葉子，莖部匍匐或向上朝陽光生長，花序成頭狀，屬於多年生的亞灌木植物，適合砂質土壤與排水良好的生長環境。最常見的百里香品種源自法國，但其實品種多達一百多種，包含檸檬百里香、茴香百里香等，都是因為其額外特殊香氣而冠名。購買挑選時，應選擇葉片深綠飽滿，莖部完整挺直無摺痕者，因為購買時通常都已包裝成束，應仔細檢查葉柄之間是否發霉或葉片已經枯黃。

百里香含有百里酚和其他營養素，如鉀、維生素A、維生素C和鎂，有研究發現百里香具有鎮痛、抗菌、抗病毒和抗發炎特性，因此可以幫助治療皮膚狀況、蟲咬引起的疼痛、類風濕性關節炎等不適。而百里香精油可應用於漱口水，能幫助緩解口臭、預防牙齦炎並幫助治療口腔疾病，甚至可以舒緩緊繃的肌肉，讓身體感到平靜。烹飪時可使用新鮮或乾燥的百里香代替鹽，以助減少鹽攝入量或控制高血壓。

使用上，新鮮的百里香香氣優於乾燥的百里香。百里香常見於地中海料理，經得起長時間烹調，燉煮、煎、烤與醃漬皆適用，適用於各種肉類、魚類，例如紅酒燉雞、慢烤牛排、香煎魚排等，可以整條莖連著葉子稍作清洗後就放入料理。除此之外，百里香在北非與中東的料理中也不缺席，中東經典的混合香料Za'atar就含有乾燥百里香，可以直接灑在沙拉、沾醬中。如果想要自製混合香草，它和羅勒、奧勒岡葉、細香蔥、洋香菜、迷迭香、鼠尾草等都能搭配。

你知道嗎？

百里香的名字來源於希臘語thymos，意思是勇氣與士氣，中古世紀的百里香有很多「精神」上象徵，相傳古羅馬士兵在上戰場之前使用百里香沐浴，埃及人認為它象徵幸福與財富，古希臘人更用此驅逐惡靈與詛咒，因此，中古世紀人們會將百里香放在枕頭下來改善夢魘，甚至有地方流傳百里香放枕頭可以讓美夢成真唷！

如何保存／如何替代

新鮮百里香放在密封袋中置於冰箱，可以保鮮約一週左右；乾燥的百里香顏色會變得灰綠，可以保存一年左右。

認識香草

051

薰衣草
Lavender

屬　　　名	*Lavandula*
英文別名	Lavender
中文別名	薰衣草
原　產　地	地中海地區、北非、印度、中亞、阿拉伯半島
現在主要產地	法國、日本、俄羅斯、中國
食用部位	花與葉皆可使用，部分品種可做沐浴、精油，但不能作為食用
風　　　味	氣味香甜中帶有檸檬、柑橘、薄荷與淡樟腦混合的氣味

　　因為特殊的氣味與迷人的花色，薰衣草成了居家最熱門的香草植物之一，整體來說，薰衣草主要分為兩大類：英國薰衣草與法國薰衣草，英國薰衣草又名通用薰衣草（Common Lavender），氣味香甜明亮，樟腦成分較低，耐寒且為多年生植物，其中 L. angustifolia 品種最適合用於料理；而法國薰衣草，葉片狹長且樟腦氣味較濃厚，因此多為精油萃取。台灣最常見的甜薰衣草是經由雜交育種出來的亞種，比較耐熱，可以用作料理、泡茶、沐浴與製作精油，但薰衣草的種類很多種，有些（如羽葉薰衣草）只能觀賞不能食用，所以在選購之前一定要先問清楚。

　　薰衣草的英文名 Lavender 來自拉丁文 lavo 字根，就是「洗滌」的意思，自從薰衣草被發現後，就常用於沐浴，也因獨特香氣而用於

製作香水。現今已有科學研究指出薰衣草具有許多醫療特性和生物活性，例如抗驚厥、抗焦慮、抗氧化、抗發炎和抗菌活性。由於它含有沉香醇與乙酸沉香酯，有放鬆與安撫神經的作用，因而時常用於安神保健。事實上，薰衣草的使用歷史悠久，古埃及人很早就懂得使用薰衣草作為防腐劑。此外，因為薰衣草的香氣可以對許多小蟲產生忌避作用，因此可以用來驅蚊，最早於西元77年時便有記載使用薰衣草香囊來防蚊驅蟲。

由於薰衣草的氣味非常明確，也很容易入味，在料理運用上可以比較保守。製作甜點時可以先將少量的薰衣草花與糖放在一起，稍作研磨後糖粉便會吸收其精油，用此製作甜點已經足夠顯現薰衣草香，也可以將新鮮薰衣草花切碎放入麵糰一起搓揉。即使薰衣草常見於甜點製作與花茶上，它也同樣是適合用在肉類的香草，例如葉片可以做為生菜沙拉提味，少許即可顯香；中東地區可見利用薰衣草花與葉片來醃漬羊排、兔肉和雞肉，地中海地區也用它來為紅酒醋提味。

薰衣草也可以搭配其他香草，法國普羅旺斯混合香草就是由薰衣草、迷迭香、百里香、馬鬱蘭、羅勒、奧勒岡葉、洋香菜等組成。

你知道嗎？

法國普羅旺斯盛產的薰衣草其實是英國薰衣草 L. angustifolia 品種唷！

如何保存／如何替代

源自於地中海的薰衣草喜歡光亮的環境，對冷熱氣候的耐受性高，但是忌諱土壤潮濕，買回家的薰衣草也可以扦插種植，但居家種植時需要選擇排水性好的土壤，最適宜的土壤溫度應保持在15 ℃以上，氣溫保持在18～25 ℃，並且避免過度澆水。

認識香草

055

迷迭香
Rosemary

學　　　名：*Salvia rosmarinus*
英文別名：Rosemary
中文別名：迷迭香、海洋之露、聖母瑪利亞的玫瑰
原　產　地：地中海地區
現在主要產地：南歐、中亞、北非地區
食用部位：葉片、枝條與花朵
風　　　味：葉片香味濃郁，混合胡椒、松樹、樟腦、肉豆蔻與淡淡的甜香，帶有一點青草的辛味，尾韻有木質芬芳

　　來自地中海的迷迭香是南歐常用的香草，有著細長微微彎曲的葉子，多年生的亞灌木，帶有白色、粉色或紫色的花朵，全株氣味芬芳濃郁，因為非常容易種植而隨處可見，葉片與花朵都可以入料、製茶、萃取精油，甚至用來製作焚香的香材。

　　自古以來，歐洲人普遍認為迷迭香可以增進記憶力。根據記載，古希臘的學者時常依賴它加強記憶，當時的學生會一邊讀書，一邊聞迷迭香，甚至在備考時會配戴迷迭香製成的花環，儘管這一部分的功效尚未有科學證實，但仍持續有相關研究在推敲其原理。同時，它含有泛酸、菸鹼酸、硫胺素、葉酸與多種礦物質等，對於調整免疫力與維護身體健康相當有益，也有研究顯示迷迭香的植化素可能可以幫助保護眼睛健康，調節肝功能與降低氣喘風險。

　　長久以來，迷迭香在民俗療法中擔任舒緩身心靈的重要角色。迷

迷迭香是少數適合長時間燉煮的香草,而且非常百搭,常見於地中海料理,也可見在油炸蔬菜中加入迷迭香,或者將迷迭香浸漬於橄欖油製成香草油,用來醃漬肉類也很適合。尤其是要用來烤肉的食材,醃漬又經過炭烤後,會有一股淡淡的煙燻味;中東料理常用的麵包沾醬、烤肉串,甚至麵包、糕點等都能看到它,戶外烤肉時,更可以直接用迷迭香綁成刷子當作天然烤肉刷。

如果想要在家自製混合香草,迷迭香與薰衣草、月桂葉、大蒜、細香蔥、洋香菜、奧勒岡葉、鼠尾草、百里香等都很適合搭配。另外,在家也能自製迷迭香橄欖油,可以利用煎盤或小鍋子,先置入橄欖油低溫熱油鍋,再將清洗好且擦乾的迷迭香枝葉置入溫熱的油中,持續低溫加熱10分鐘後關火,將迷迭香取出並過濾殘渣後,油品便製備完成,可以放在冰箱內,密封保存大約3～6個月,平時可用在煎、烤料理,或適量淋在生菜沙拉上與拌在燙好的蔬菜上唷!

你知道嗎?

根據記載,古埃及法老王拉美西斯三世曾在底比斯向阿蒙神獻上了125份迷迭香以示忠誠;而且古埃及人相信迷迭香可以防腐。中古世紀的歐洲認為迷迭香的綠色葉子象徵著永恆,是忠誠與友誼的象徵,也是持久的愛和記憶。

減壓放鬆的迷迭香奶茶

想來杯迷迭香奶茶放鬆身心嗎?中火加熱牛奶(1杯),將迷迭香(1枝)清洗好擦乾後置入熱牛奶一同加熱5分鐘,待香氣融入後便可取出迷迭香並過濾殘渣,飲用前再加入少許蜂蜜就完成了,在睡前熱熱的喝,暖暖的入睡唷!

認識香草

056

羅勒
Basil

屬　　　名：*Ocimum*
英 文 別 名：Basil, Sweet basil, Holy basil, Tulsi, Bush basil, Thai basil
中 文 別 名：羅勒、九層塔、毛羅勒、蘭香、金不換、甜羅勒、聖約瑟夫草
原　產　地：印度、亞洲、非洲
現在主要產地：中國、埃及、印度、印尼、美國、越南
食 用 部 位：主要食用葉片，花苞可作為料理點綴
風　　　味：與薄荷同科，氣味鮮明獨特，混合丁香、洋茴香、樟樹與香芹，口感甜而微辛

　　羅勒，原產於非洲、亞洲的熱帶地區，喜歡溫暖潮濕且充滿陽光的生長環境，它的莖桿略呈方形，葉片對生，頂生花序且小花散列於花莖上，這種層層相疊的形狀有如寶塔，因此又稱「九層塔」。相傳，亞歷山大大帝東征時將羅勒帶回地中海，才在歐洲逐漸扎根。

　　羅勒的使用已超過四千多年，獨特的香氣在不少文化中都代表著神聖、尊貴與獨一無二，因此它的英文種名basilicum是源自於希臘文的basilikhon，意思是「皇家」，是代表著尊貴的香草。印度的聖羅勒Holy Basil也稱作Tulsi，更代表著「無可比擬的神聖」。

　　在中古世紀，羅勒普遍被視為一種具有神奇魔力的藥草，而非料理調味的香草，歐洲人認為羅勒可以解蛇毒，埃及人則使用羅勒作為木乃伊的防腐劑，古希臘人更認為羅勒可以驅邪，用羅勒可以辨別女人的貞操，如果放在手上的羅勒會枯萎，則表示不潔，甚至認為嗅聞

羅勒的香氣可以在腦中生出蠍子,而這都是因為它鮮明清新且特殊的香氣,所以衍生出許多荒謬的傳奇。

購買羅勒注意葉片顏色,因為它是熱帶植物,不耐寒,運輸與保存過程的溫度若控制不當,植物的葉片便容易枯黃發黑。買回家後放在塑膠袋,袋口稍微下折即可,置於冰箱可以保存3～5天。事實上,若不需要完整新鮮葉片,保存羅勒最好的方式是加入食用油製作香草冰塊,趁著還新鮮時製作,大約可以保存3個月,之後再放入料理中,風味依舊。但不建議自製乾燥香草,因為羅勒含有多種維生素、礦物質、葉黃素、β-胡蘿蔔素等,研究證實新鮮葉片與精油都有很好的抗氧化功能,但是這些化合物很容易在乾燥過程中消失,也會散失經典風味。

由於羅勒大量出現在不同國家的料理中,常讓人誤以為這些都是不同的香草,其實是因為它容易雜交,衍生出不少亞種。事實上,義大利青醬的風味主角,台灣鹹酥雞的最佳配角九層塔,以及泰式打拋肉畫龍點睛的重要香草打拋葉,印度咖哩與茶飲等料理中使用的香草,都同屬羅勒家族唷!

羅勒家族速寫

1980及1984年間,植物學者曾將O. basilicum品種區分為:
1. 高瘦型,如甜羅勒。
2. 大型葉片及皺葉型,如義大利羅勒。
3. 矮株型,葉片小而短,如灌木羅勒。
4. 葉片密生型,如:泰國羅勒。
5. 紫色及傳統甜羅勒味型之栽培種。
6. 紫色型,如Dark Opal栽培種。
7. 檸檬羅勒,包括所有具有檸檬味道之羅勒。

認識香草

057

鼠尾草
Sage

學　　　名：*Salvia officinalis*
英 文 別 名：Sage, Common sage, Garden sage, Golden sage, Kitchen sage, Culinary sage
中 文 別 名：鼠尾草、普通鼠尾草、洋蘇葉、洋蘇、藥用鼠尾草、撒爾維亞
原　產　地：歐洲南部與地中海沿岸地區
現在主要產地：東歐、南歐、北非、地中海地區
食 用 部 位：葉片、花
風　　　味：香氣如薰衣草與薄荷混合的加強版，並帶有麝香、樟腦、草腥味與土味

　　許多歐洲常見的香草都源自地中海，鼠尾草也是，因此喜歡充足的日光，適合的生長溫度介於18～30℃之間，耐旱能力較好而忌潮濕，屬於唇形科，多年生的亞灌木，目前已有超過900個品種。以普通鼠尾草而言，主要以葉片形狀分為寬葉或窄葉，綠中帶灰，葉片上有細小絨毛與漂亮細緻的紋路，它的花與葉片都可以食用，尤其是窄葉的普通鼠尾草，它的花朵很美，常用來點綴料理。普通鼠尾草的氣味強烈鮮明，像是更濃烈的薰衣草與迷迭香，但也有常見於歐式料理的紫色鼠尾草品種，葉片較短而圓，且綠中帶紫，氣味比較溫和。普遍說來，鼠尾草在料理後氣味都會變得比較溫潤。

　　鼠尾草含有豐富的維生素A、C、E、K、多種抗氧化物、礦物質如：錳、鋅、銅與超過160種的多酚。長久以來，鼠尾草就以其顯著

的藥用功能聞名，它的屬名Salvia帶有「拯救」含意，而種名officinalis指的就是中古世紀修道院的藥草房，歷史上的民俗療法也常利用它來改善經期不順、增強記憶力與舒緩壓力。

近代科學研究也發現鼠尾草在阿茲海默症藥物開發上的潛力（Murdoch University, 2016），更可以改善發炎、降低膽固醇等。歐美也會飲用鼠尾草茶，現在在台灣也開始流行，但需要注意，因為鼠尾草的藥性鮮明，不適合過量飲用，購買時應特別注意相關警語或詢問醫生。

但是作為料理調味，小量使用鼠尾草是沒有問題的，而且風味極佳，它也是少數適合長時間燉煮的香草。乾燥後的鼠尾草適合在燉煮料理一開始時就添加，而在料理後段可以再添加一些新鮮鼠尾草，提升溫潤與清香風味交織的層次感。

肉類料理經常使用鼠尾草調味

美國的感恩節火雞內餡也常見使用鼠尾草與洋蔥調味，英國人也經常用它來為豬肉、鵝肉、鴨肉等肉類提升風味，可用來燉煮，也可作為內餡或醃漬；德國也有鼠尾草風味的香腸，地中海地區鼠尾草風味料理更是數之不盡。新鮮的鼠尾草也可以切碎撒在沙拉，甚至加在起司或中東麵包沾醬，如鷹嘴豆泥等。但要注意，無論哪一種料理，鼠尾草香氣濃郁，因此使用上要趨於保守，如果沒有鼠尾草，可以試著用迷迭香、薄荷、百里香的混合香料來替代。

你知道嗎？

古埃及人用鼠尾草治療不孕，古希臘與古羅馬人則用它來作為肉類保存劑，更是傷寒、感冒與傷口癒合藥品。古羅馬名醫迪奧斯科里德斯在其《藥物論》中便已數次提及鼠尾草，並稱之為歷史上最重要的草藥之一。西元九世紀時，查理曼大帝因為認同鼠尾草的重要性，要求在領地內廣泛種植鼠尾草（種植範圍主要為現今德國領土），因而將之在歐洲普及化。

認識香草

058

奧勒岡葉與馬鬱蘭
Oregano and Marjoram

屬　　　名	*Origanum*
英文別名	Oregano, Origanum, Wild marjoram
中文別名	奧勒岡葉、俄力岡葉、牛至、皮薩草、馬鬱蘭、野馬鬱蘭
原　產　地	地中海與西亞地區
現在主要產地	墨西哥、義大利、土耳其、希臘
食用部位	葉片，花可作為料理點綴
風　　　味	主香氣：溫潤微辛微苦，淡淡的薄荷、百里香、樟腦混合香氣。 奧勒岡：氣味濃厚，有青椒與檸檬香氣。 馬鬱蘭：香氣溫和微甜。

　　奧勒岡與馬鬱蘭是同屬唇形科的亞灌木多年生植物，它們屬於表親，以外型而言，都是直立性對生葉，莖葉密佈，但奧勒岡葉片呈橄欖綠且葉片較厚實，馬鬱蘭葉片顏色偏灰綠，有絨毛，且葉片軟嫩。兩者主香氣類似，甚至在多數情況下可以互換使用，但細聞之下，奧勒岡葉的青草味較濃厚鮮明，馬鬱蘭則帶有淡淡花香，所以也有人通稱兩者為馬鬱蘭，但是奧勒岡為「野馬鬱蘭」，馬鬱蘭為「甜馬鬱蘭」。

　　營養成分方面，兩者都含有豐富的維生素K、鈣、鐵、鉀等。奧勒岡葉的維生素B群、維生素E、蛋白質、碳水化合物、脂質等都較高，並含有的香芹酚、百里香酚、丁香酚和迷迭香酸，已有許多研究指出可有效應用在呼吸系統和胃腸道疾病的藥物開發；而馬鬱蘭的維

生素A與維生素C較高，也具有廣泛的藥理活性，包括抗氧化、保護肝臟、保護心臟、抗菌、抗動脈粥樣硬化、抗發炎、抗潰瘍等。由於這類香草具有鮮明的藥性，如果是茶飲或以萃取形式食用，都需要事先諮詢過醫師，不宜過量。

通常料理上只是小量調味，不需要擔心藥性。它們料理使用時機恰好相反，奧勒岡葉耐烹調，醃漬、煎、烤、燉煮，或是點綴新鮮沙拉都可以，但是馬鬱蘭的香氣容易揮發，最好的使用時機在料理的最後一個步驟，或是做為沙拉的調味香草。

這兩款香草被大量使用在地中海、拉丁美洲和中東料理，例如希臘烤肉串Souvlaki便經常使用奧勒岡葉來醃漬增加風味；受到西班牙的影響，墨西哥的塔可與捲餅內餡也常用奧勒岡葉調味；馬鬱蘭因為適合新鮮食用，則常見於地中海的沙拉以及為新鮮起司如莫札瑞拉起司調味。

這兩種香草可搭配烹調的食材非常廣泛，各式烘烤時蔬例如：朝蘚薊、甘藍、蘿蔔、花椰菜、茄子等，與豆類、玉米、香菇和各式肉類都可以搭配。如果想再增加更多層次的風味，可以添加羅勒、月桂葉、辣椒、孜然、大蒜、甜椒粉、洋香菜、鹽膚木等。

你知道嗎？

相傳古希臘人認為奧勒岡是由希臘神話中最美的女神——阿芙蘿黛蒂所創造，祂代表著愛與美，希望能利用奧勒岡葉為祂的花園帶來幸福與快樂，所以Oregano的字根由兩部分組成：oros代表「山」，ganos代表「快樂」，因此奧勒岡代表著成山的快樂，無限的幸福！

自製美式墨西哥（Tex-Mex）混合香料

　　取用等比例的乾燥奧勒岡葉、辣椒粉、孜然粉、乾燥香菜、甜椒粉和大蒜粉混合後，加入適當的鹽巴，這一款混合香料就完成了！非常簡單，適合用在墨西哥料理如塔克餅、捲餅、墨西哥烤肉等料理，只要稍微撒上即可。

奧勒岡葉

馬鬱蘭

馬鬱蘭（花）

認識香草

059

牛膝草
Hyssop

學　　名：*Hyssopus officinalis*
英文別名：Hyssop, Hyssopus
中文別名：牛膝草、神香草、柳薄荷、海索草
原 產 地：南歐、地中海地區、中東與小亞細亞
現在主要產地：土耳其、法國、印度、伊朗、俄羅斯
食用部位：葉片與嫩莖，花朵可以做料理裝飾
氣　　味：混合薄荷、樟腦與迷迭香的香氣，葉片口感辛辣中帶苦澀

　　牛膝草原產地在地中海地區，喜歡陽光充足的生長環境，有著細長的葉片，圓錐狀的花序。除了作為香草之外，也非常適合作為景觀盆栽。據說都鐸王朝時，伊莉莎白一世女王的花園也運用牛膝草來點綴與營造香甜的氛圍。牛膝草與薄荷同科，香氣清香撲鼻，薄荷味中帶有樟腦氣息，由於木質莖基部纖維粗糙，所以主要使用葉片和幼嫩的莖部加入料理。

　　牛膝草在以色列人的眼中是神聖的香草，一方面舊時的歐洲社會認為香甜的氣味通常代表神聖，又因為它在聖經中被多次提及，甚至在《出埃及記》裡幫助希伯來人躲過災難。

　　過去牛膝草也被用來清潔聖地，同時又可以驅蟲。古希臘的醫生蓋倫和希波克拉底更記錄牛膝草可以治療喉嚨和肺部的炎症、胸膜炎和其他支氣管疾病。事實上，牛膝草的藥性鮮明且廣泛，現代科學也證實了牛膝草富含類黃酮，它的精油可降低潰瘍風險、改善氣喘與降

低發炎症狀，做成茶飲可以改善咳嗽、氣喘等，但也因為它的藥性，孕婦、兒童與身體有特殊狀況者都應該要謹慎使用。

當牛膝草用於料理調味上，特別適合為兔肉、山羊肉和野味調味。在料理中後段時再加入，可以避免氣味喪失，西方料理也喜歡將牛膝草摩擦塗抹在羊肉的肥油上，認為可以幫助消化油脂，減緩腸胃壓力。此外，因為它的香甜與薄荷氣味，牛膝草也非常適合使用於沙拉與甜點料理上，例如冰沙、水果派和花茶，可以提升與凸顯這些水果的氣味與彰顯其甜味。

一般而言，牛膝草適合搭配的蔬果有甜菜根、紅蘿蔔、豆類、香菇、櫛瓜、櫻桃、覆盆子、杏桃與水蜜桃等。如果想讓料理的風味更多層次，也可以適當加入月桂葉、薄荷、細香蔥、洋香菜與百里香等，但是要記住，牛膝草的風味鮮明，葉片辛辣帶有苦味，因此料理使用上的用量需要小心斟酌，例如一鍋一公升的湯放一條枝葉即可，才不會讓牛膝草的風味與苦味搶走了原本料理的風采。

牛膝草

認識香草

060

檸檬香蜂草
Lemon Balm

學　　　名：*Melissa officinalis*
英 文 別 名：Lemon balm, Balm mint, Common balm
中 文 別 名：檸檬香蜂草、香蜂花、檸檬香草
原　產　地：中東和北非
現在主要產地：阿爾巴尼亞、保加利亞、土耳其、埃及、美國及南美洲
食 用 部 位：葉片
風　　　味：乍聞有明顯檸檬香氣，口感則為檸檬柑橘中帶有淡淡薄荷味

　　屬於多年生草本植物的檸檬香蜂草，乍看之下與薄荷有類似的心型葉片，但葉緣的鋸齒狀更明顯，開著不起眼的小白花或小黃花，卻有著蜜蜂最愛的花粉，因此，它的屬名Melissa，是希臘文「蜜蜂」的意思。香蜂草的扦插繁殖極為容易，可以剪下頂芽枝條，插在土壤中，保持土壤濕潤與良好的日照即可，成功率極高。

　　古希臘人及中古世紀的修道院會在圍牆種植香蜂草或塗抹香蜂草，以吸引蜜蜂到來，幫助花園裡的植物授粉，同時也因為古希臘人認為蜜蜂代表著長壽的意義，所以香蜂草有著能引來長壽的好兆頭。

　　使用上，無論歐洲人或阿拉伯人，都認為香蜂草是可以療癒與舒緩身心靈壓力的重要香草，最常見形式是以香蜂草的葉子作為茶飲，而香蜂草茶據說是十六世紀歐洲霸主查理五世國王的最愛。

　　事實上，香蜂草在歷史上一直是以其藥用活性聞名，在料理上的

使用反而比較少。古羅馬時期的希臘醫師迪奧斯科里德斯利用香蜂草搭配紅酒來舒緩被狗與蠍子咬傷的傷口；古代阿拉伯人使用香蜂草來治療心臟疾病；中古世紀也常利用香蜂草來改善牙痛、孕吐、刀傷與頭痛；現代醫學則證實香蜂草含有多種植化素，例如酚酸、類黃酮、萜類化合物等，具有抗氧化、抗發炎、抗菌、能保護神經、改善失眠、鎮痛等多種功效，例如香蜂草製成的軟膏可以有效對抗單純皰疹病毒（HSV），而至今法國人在感冒或流感季節時也仍會泡上一壺香蜂草茶來改善不適症狀。

香蜂草的保存和其他香草一樣，塑膠袋簡單包著，置於冰箱可保存4～5天。新鮮的香蜂草很適合少量加入沙拉、糕點等提升檸檬柑橘香氣，也可以搭配蘋果、水蜜桃、香瓜、蜜李等夏日水果。此外，香蜂草也能點綴新鮮的白起司，讓風味更活潑清新，更可以做成沾醬，搭配魚類與禽肉料理，可以為料理解膩。而因為香蜂草的茶飲妙用，同樣也非常適合製作成乾燥香草。

香蜂草茶除了能預防感冒，也能減輕疲勞，安撫緊繃的神經。

> 認識香草

061

青檸葉
Makrut lime leaves

- 學　　　名：*Citrus hystrix*
- 英 文 別 名：Kaffir lime leaves, Makrut lime leaves, Bai magrood, Thai lime, Limau Purut
- 中 文 別 名：檸檬葉、青檸葉、亞洲萊姆葉、泰國青檸葉、卡菲爾萊姆葉片、麻瘋柑葉、馬蜂橙葉
- 原　產　地：東南亞等國
- 現在主要產地：東南亞等國
- 食 用 部 位：葉片
- 風　　　味：融合柑橘、萊姆與花香的明亮清新香氣

　　東南亞的青檸葉是全球前十大昂貴香草香料，來自青檸樹，屬於柑橘屬，青檸樹的果實因為汁液太酸澀，除了使用果皮的香氣外，基本上不可以食用，但葉片香氣迷人，即使纖維粗糙，依舊是最搶手的高檔食材之一。青檸樹來自東南亞熱帶地區，因為其地緣關係，這些地區的國家也經常使用青檸葉做料理，尤其泰式料理中青檸葉與南薑、香茅並列為三個最重要的調味組合。

　　青檸葉的外表很經典，葉柄有翼片，所以看起來就像是數字8，有著皮革般深綠色滑亮的葉面，新鮮香料的風味比乾燥香料的要來的豐富，所幸新鮮葉片也容易保存，用塑膠袋稍微包著冷藏就可以保鮮好幾個星期，若放在冷凍，可以保存長達一年以上，而且風味不減。所以，如果看到青檸葉可以直接購買，日後再慢慢使用即可。挑選的方式很簡單，由於成熟葉片香氣勝過嫩葉，所以盡量挑選顏色深綠，

青檸葉的葉片十分特別，看起來就像數字8。

葉片完全展開，完整乾淨大片者，含翼片尺寸3～5公分寬、8～12公分長的算是成熟葉片，沒有黃斑病害的即可。

青檸樹的葉片與果皮都含有香茅醛、檸檬烯、橙花醇和 β-蒎烯，讓它的精油香氣獨特怡人，可以用於放鬆心神，也含有許多對身體有益的植化素、水溶性與非水溶性的膳食纖維、礦物質、葉酸、胡蘿蔔素、泛酸和核黃素等，在調節新陳代謝、保護神經系統、維持身體健康與抗氧化上都有相當多的益處。

新鮮或冷凍的青檸葉使用方法很簡單，如果是燉煮的料理，一開始就可以放進去烹煮，無需事先解凍，因為纖維粗糙，只取其風味，所以煮好之後要將葉片撈出，泰式酸辣湯冬蔭功與椰奶綠咖哩就是如此。在東南亞也可以看到以新鮮青檸葉調味的炒飯、蒸魚等，如果葉片會被食用，則必須要先將葉梗去除，然後將葉片切或剪成細絲，切完之後，它依舊是耐煮的食材，所以除非是點綴用，不然在料理的前段步驟便可以下鍋，但若是乾燥的青檸葉，需要先將之捏碎或磨碎，否則葉片很可能重新吸水恢復原本的葉片形狀，而僅存的香氣卻只有少量被釋放。

認識香草

062

月桂葉
Bay Leaf

學　　　名：*Laurus nobilis*
英 文 別 名：Bay laurel, Sweet bay
中 文 別 名：香葉、香桂葉、甜月桂、月桂冠
原　產　地：地中海、中亞地區
現在主要產地：土耳其、中國、印度、荷蘭
食 用 部 位：葉片，取其香氣而不食用葉片
風　　　味：氣味如蜂蜜香甜，又帶有淡淡的肉豆蔻、丁香與樟腦味，葉片辛辣且苦，不宜直接食用

　　月桂葉是來自地中海地區的月桂樹的樹葉，現在在世界各地皆已廣泛種植，屬於樟科月桂屬，葉片卵形，如皮革，乾燥後葉片灰綠，葉背略白。新鮮的月桂葉通常帶有強烈的苦辛味，但是經過乾燥之後，苦味會降低，香氣提升，因此通常都是以乾燥的月桂葉加入料理烹飪。但葉片纖維粗糙，就算乾燥葉片已經經過長時間烹煮，葉片本身依舊帶有苦味，因此，除非已經事先磨碎，通常都是料理完成後便將葉片取出而不食用。

　　市面上的月桂葉通常分為兩大類：土耳其（或地中海）月桂葉以及加州月桂葉，在植物分類上不同屬，但是氣味類似而經常一同被提起，土耳其的氣味較香甜，是大眾比較喜愛且常用的類型，也是我們本篇介紹的品種。

　　雖然料理上使用月桂葉主要取其香氣，但傳統民俗療法仍常利用

月桂葉本身治療風濕、扭傷、消化不良、促進排汗以及治療夜盲症。科學研究則指出，月桂葉含有豐富的維生素、礦物質、植化素與多酚，例如：類黃酮、單寧酸、丁香酚、檸檬酸、生物鹼、三萜類化合物，它的精油具有很好的抗氧化、抗菌及抗發炎效果，可以幫助傷口癒合，甚至具有抗病毒性，也可以用來改善驚厥，也是天然的昆蟲忌避劑，具有非常多的實用功能。

料理月桂葉的方式很簡單，它是耐久煮的香草，常用於燉煮、清蒸、煙燻料理，土耳其人喜歡將月桂葉用於慢燉羊肉，德國人使用月桂葉為豬腳去腥。可以在料理的一開始便直接加入月桂葉，也可以直接使用完整葉片或者稍微將葉片撕開，無論肉類、魚類或是豆類如扁豆等料理，都可以利用月桂葉去腥與提升香甜的氣味，而且用量不需要很多，通常 2～3 片就已足夠 4 人份一公升左右的燉煮料理。

月桂葉也可以與其它香草搭配成為混合香草香料，這一類的月桂葉通常會磨碎，就沒有事後需要挑出來的問題，可以一同食用。適合搭配的香草有丁香、百里香、芥末、歐芹、辣椒粉、鼠尾草和胡椒。

你知道嗎？

月桂葉使用的歷史悠久，從中古世紀起就代表著榮譽、成功的象徵，古羅馬和古希臘皇帝經常會配戴用月桂葉做成的頭冠。此外，取得成就的奧林匹克運動員、學者、英雄和詩人也可以以月桂葉做成的頭冠嘉勉。而學士學位的英文 Bachelor 的典故也來自月桂樹。Bachelor 源自法語 baccalaureate，意思是「月桂樹的漿果」。而當詩人因為特殊事件創作詩歌，也可得「桂冠詩人」的榮譽。

加州月桂葉

認識香草

063

山葵
Wasabi

學　　　名：*Eutrema japonicum*
英 文 別 名：Wasabi, Japanese horseradish
中 文 別 名：山葵、日本芥茉、山萮菜、綠芥末
原 產 地：日本、韓國、俄羅斯
現在主要產地：日本、台灣、韓國、中國
食 用 部 位：塊莖
風　　　味：新鮮時辛辣，刺激嗆鼻，帶有淡淡胡椒香氣，會回甘

　　山葵是來自於高冷山區的十字花科植物，需要低溫、乾淨無污染的栽培環境，而且為了避免病害，通常種植地須有兩年以上無栽培山葵的紀錄，才可以再次栽種，除了種植地的條件嚴格之外，同時又必須有充足乾淨的水源，因此，即便在原產地的日本，也只有少數地區可以栽培出優質的山葵。市售山葵主要分為兩個品種：青莖（又名實生）的山葵，最有名的品種是「達磨」，栽種一年，口感多汁輕爽，可以搭配蕎麥麵；第二種為紅莖的山葵，最有名的品種為「真妻」，比較黏稠，香氣十足，但要種植至少兩、三年。一般來說山葵生長速度愈慢，能累積的氣味會愈濃厚，但無論哪一種品種，冗長的生長週期，加上嚴苛的種植條件，一直讓山葵價格居高不下，因此，多數的平價餐廳或商店售賣的山葵，都是使用來自地中海且容易種植的辣根──可以當成蔬菜食用。

　　外型上，良好的山葵塊莖，體型中等，呈現均勻的圓柱狀，塊莖

的皮削下後，內部的「肉」呈亮綠色，多汁且氣味濃厚，拿在手中，一隻手掌可以握住，並且要能感受到沉沉的重量。新鮮山葵味道辛辣嗆鼻過癮，研磨後 3～5 分鐘內香氣與辛辣味會達到顛峰，但應在 30 分鐘內使用完畢，風味口感雖然濃烈嗆辣，但在口中稍縱即逝，由於經過加熱或乾燥後，它的獨特辛辣味都會喪失，因此，山葵只能新鮮食用。

處理新鮮山葵，如果帶有根與葉，要先將之切除，留下塊莖，大致削去塊莖凹凸不平的表面後，用硬毛刷將表面清洗乾淨，就可以開始研磨了。研磨山葵需要特殊工具，傳統使用乾燥的鯊魚皮製成的研磨器以產生更多辛辣香氣，也可以用磨薑蒜泥的研磨版代替。從幼嫩的莖部上方開始輕輕地轉圈研磨，以畫圓的方式慢慢磨碎山葵，不要

現磨的山葵味道獨特，但具有揮發性，久放就會喪失風味。

上下直磨，否則會破壞山葵本身的纖維而導致味道發苦。磨碎的山葵密封在容器中，或者將其倒放，以保存辛辣味，磨好後通常用於日式料理如生魚片、壽司、蕎麥麵、章魚燒等。

你知道嗎？

山葵真的可以殺菌！

　　山葵的辛辣來自含有高量的異硫氰酸烯丙酯（allyl isothiocyanate, AITC），是十字花科特殊的植化素，辣根、芥菜、蘿蔔、花椰菜等都有，但山葵中的AITC是花椰菜的40倍，經過研磨後釋放，具有抗癌、抗菌、抗真菌和抗發炎等特性，可以運用在許多藥用與食物保存上唷！

認識香草

061

龍蒿
Tarragon

學　　　名：*Artemisia dracunculus*
英 文 別 名：Tarragon, Estragon
中 文 別 名：龍蒿、香艾菊、狹葉青蒿、蛇蒿、椒蒿、青蒿
原　產　地：西伯利亞與西亞
現在主要產地：西班牙、法國等歐洲國家、美國、西亞
食 用 部 位：葉片與葉柄
風　　　味：氣味香甜且濃郁，含有類似甜茴香、羅勒與香草莢的芳香，尾韻甘甜

　　香氣獨特迷人的龍蒿，是菊科多年生草本植物，常使用其細長的莖與光滑纖細的葉子為料理調香，小巧可愛的花朵也可以食用，通常作為料理點綴，它的香氣完美融合了歐洲人喜愛的香草香料：甜茴香、羅勒與香草莢，加上醇厚的甘甜尾韻，讓它為料理增添一股優雅而高級的風味。

　　龍蒿的種植歷史大約有600年左右，一般認為是蒙古人西征時將龍蒿傳入羅馬，它的種名dracunculus是拉丁文的dragon（龍）的意思，在十四世紀傳入法國，便成了法國料理歷久不衰的寵兒，經典的法式混合香草與法式伯納西醬都少不了它。

　　在過去，龍蒿除了作為料理調香，也運用在幫助消化、改善腸胃問題等，現在科學研究則指出龍蒿具有許多的營養成分，富含鈣、錳、磷、鉀、鎂等礦物質，可以幫助控制血糖、改善睡眠品質、增進

食慾、減低疼痛、抗發炎與抗氧化等；市面上可見的龍蒿主要有三個品種：法國龍蒿，氣味香甜豐潤，最適合用在料理；俄羅斯龍蒿，風味較薄弱，但生長最快速，常見於盆栽，如果沒有特別標示，通常都是俄羅斯品種；墨西哥龍蒿，或稱西班牙龍蒿，八角氣味較重。料理上的選擇，首選法國龍蒿，其次墨西哥龍蒿。

新鮮及乾燥過的龍蒿。

　　乾燥龍蒿會損失香氣，盡量選用新鮮的，除了適合運用在海鮮、禽肉與蔬菜如朝鮮薊、蘆筍、櫛瓜等，也很適合用在蛋料理上，甚至可以搭配起司做成醬料。新鮮的龍蒿不適合久煮，可以在料理最後步驟再加入或直接新鮮食用，選購上注意葉片是否鮮綠挺直，沒有黃葉枯萎，回家放塑膠袋稍微折一下，於冰箱可以保存4～5天，也很適合加入食用油製作香草冰塊保存。

　　台灣的市場上較難找到新鮮龍蒿，可自行在家種植，種植龍蒿要注意保持充足的日照與土壤養分，而龍蒿耐旱不耐澇，因此要注意良好的排水，室外種植要比室內種植成功率要高。此外，龍蒿在種植期間並不會散發它獨特的香氣，要在採收後才會開始釋放香氣唷！

認識香草

065

斑蘭葉
Pandan

學　　　名：*Pandanus amaryllifolius*
英 文 別 名：Pandan leaf
中 文 別 名：香葉蘭、七葉蘭、斑蘭葉、香林投、碧血樹、香露兜
原 產 地：東南亞
現在主要產地：印度、東南亞、澳洲北部
食 用 部 位：新鮮葉片
風　　　味：氣味香甜，有如芋頭香味混合奶香

　　斑蘭葉是多年生灌木，有著又寬又長的深綠色葉片，葉片叢生有如林投樹，但是葉片沒有帶刺，所以在台灣又稱作香林投，鮮少開花，葉片散發著芋頭與奶香的氣味，喜歡濕熱的氣候與充足的日照，但不適合陽光直射，居家種植可以擺放在室內明亮的角落，注意避免積水，定期施肥。它非常容易照顧，一年四季都可以採收葉片使用。

　　斑蘭葉的纖維很粗，採收與整理葉片時要使用剪刀，如果是自行採收，就選擇植株上深綠色成熟的葉片，用剪刀剪下葉片基部即可。料理使用時，將葉片基部白色部分切除，只取其深綠部份的葉片。斑蘭葉耐煮，可以在料理製作過程前段就放入。無論是燉飯、燉湯，或是咖哩，四到六人份的料理使用兩片斑蘭葉就很足夠。它是東南亞料理必不可少的香草，從主食如馬來西亞與印尼的椰漿飯、泰式斑蘭葉炸雞、咖哩，到甜食如咖椰醬、娘惹糕和斑蘭戚風蛋糕，更有泰式冷茶，解暑又回甘，料理上主要使用方法如下：

1. **蒸飯**：製作椰漿飯時，將米加入水與椰漿，將洗好的葉片打個結放在米上一同蒸煮即可。
2. **燉煮**：製作咖哩或其他燉湯料理時，將斑蘭葉打個結放進鍋中一同燉煮即可。
3. **包裹**：將新鮮的斑蘭葉直接包裹醃好的雞塊、牛肉塊，無論蒸、炸或烤，都可以將香氣融入肉中，提升料理的豐富度。
4. **榨汁**：將葉片大致切碎後，放入果汁機並加少許水後打碎，再使用濾布或是細篩將纖維濾掉，就製成了顏色深綠的斑蘭葉汁，它是非常棒的天然色素，可以用在糕點製作，但榨汁不適合直接飲用，味道苦澀中帶有草味。
5. **茶飲**：將葉片切小段之後，加入沸水中煮五分鐘左右，便可以過濾掉葉片，只取清澈的茶飲用，泰式涼茶常加入檸檬香茅一起水煮，再濾出並添加冰塊。

你知道嗎？

斑蘭葉帶有特殊氣味，在東南亞可見利用居家種植斑蘭葉來驅趕蟑螂，近年來也有人測試使用斑蘭葉來驅趕田間米象（俗稱的米蟲），用天然的方式降低蟲害。

泰式千層糕

認識香料

066

薑
Ginger

學　　　名：*Zingiber officinale*
英文別名：Ginger
中文別名：薑，又分生薑、粉薑、老薑、薑母
原　產　地：東南亞、印度
現在主要產地：印度、中國、東南亞
食用部位：塊莖
風　　　味：依據收成時的成熟度而有不同風味，但主要調性為辛辣，乍聞帶有柑橘木質香氣，隨著薑的成熟度漸長，尾韻的胡椒氣味愈明顯

　　薑，是很特別的植物，喜歡在潮濕溫熱的地區生長，但又必須要陰暗避光。它的香氣辛辣鮮明，營養豐富，五千年前的印度與中華文化便懂得利用薑來治療疾病與調和、暖和身體，同時也作為料理的調味香料，但對歐洲人來說，薑早期是舶來品，不像亞洲人可以隨時信手捻來就用薑加入日常料理，所以至今西方人普遍在薑的使用上依舊較保守少量，使用上以老薑為主，並較常使用於甜點調味，而且是高價甜點的象徵。

　　亞洲人對於薑的用量大，對種類也比較講究，根據薑齡而有不同的風味及樣貌，主要分成四種：

1. **嫩薑**：又名生薑，種植大約四個月，皮白帶有紫紅色，口感清脆，辛辣度最低，常醃漬成涼菜，日本料理的粉紅薑片就是使用嫩薑。

2. **粉薑**：又名肉薑，種植六個月左右才採收，這時候外皮已經轉黃，開始發展出薑的纖維，卻不會太粗糙，反而吃起來有點粉粉的，口感很細緻，因此得名粉薑，它的辣度這時候開始提高，但是不嗆，所以很適合用在甜湯料理。

3. **老薑**：種植長達十個月，外皮已呈土灰色而且乾澀，纖維粗，辛辣度很高，因此，如果需要一般燉湯暖胃，調味去腥，這是最適合的料理食材。

4. **薑母**：是老薑成熟後仍不採收，留到下一年與生出的子薑一併挖出的薑種，因為已經種植多時，累積高量的植化素，如薑烯酚、薑油醇、薑辣素等，有很好的活血功能，可以幫助血液循環，因此，常用在薑母鴨、薑母茶、麻油雞等料理飲品中。

薑所含的薑辣素隨著薑齡而逐漸增加，又富含許多礦物質與維生素C等，在改善血液循環，祛寒保暖上有顯著的功效，保存上，嫩薑和粉薑不適合久放，買回家洗淨之後冷藏可保存二至三週，但是老薑與薑母則很耐儲存，不需要事先清洗，只要避免陽光直射即可，原則上使用時沒有看到發霉，按壓塊莖仍是實心含水飽滿，就可以放心使用。

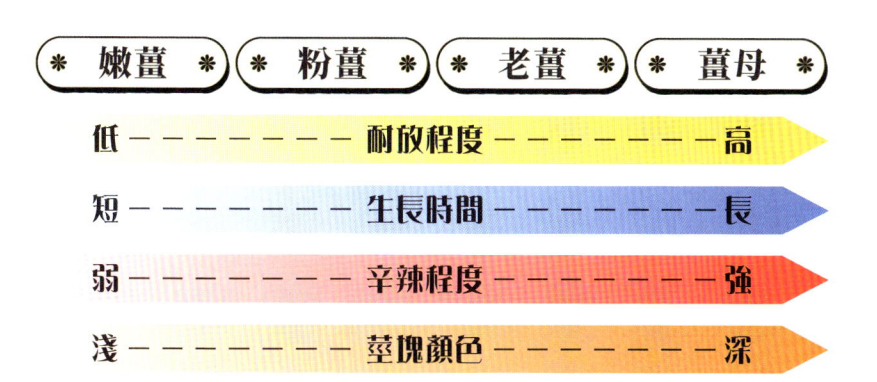

| 嫩薑 | 粉薑 | 老薑 | 薑母 |

低 ——————— 耐放程度 ——————— 高

短 ——————— 生長時間 ——————— 長

弱 ——————— 辛辣程度 ——————— 強

淺 ——————— 莖塊顏色 ——————— 深

你知道嗎？

在大約兩千多年前，印度將薑出口到羅馬帝國，因為其藥用價值備受重視，也被用來改善肉的腥味，深受西方人的喜愛，可惜羅馬帝國沒落後，薑也跟著消失在歐洲市場上，一直到十三世紀馬可波羅才從東方再帶回歐洲。據說在西元十三、十四世紀時，一公斤的薑價值等同一隻羊。當時，薑是富人才用得起的香料，後來，十六世紀英國伊莉莎白女王一世用如此高級的材料發明了薑餅人，成了冬季聖誕節的傳統禮物之一。

認識香料

067

南薑
Galangal

學　　　名	*Alpinia galanga*
英 文 別 名	Galangal, Greater galangal, Lengkuas, Blue ginger
中 文 別 名	南薑、高良薑、良薑、紅豆蔻、蘆葦薑
原 產 地	亞洲熱帶地區、東南亞、印度
現在主要產地	中國南部、西南部、東南亞、印度、澳大利亞
食 用 部 位	塊莖
風　　　味	淡淡的生薑味，微辣帶甜，帶有胡椒、檸檬柑橘味，細聞有松木、肉桂香氣

　　來自於亞洲熱帶地區的南薑，喜歡濕熱的生長環境，主要的食用部位是塊莖，其塊莖的外表類似生薑，但是皮更薄，芽點偏紅，並多了一分清新的柑橘味，讓它成了東南亞料理中的要角，在泰式料理中更與檸檬香茅和青檸葉並列最重要的料理三大元素。

　　一般選購南薑的方式與生薑雷同，要選擇塊莖飽滿，沒有發霉或其他病害特徵，它容易保存，買回家後洗淨放冰箱冷藏，可以保鮮兩週左右，也可以放至冷凍，可保存六個月以上，冷凍前建議先切段，將來取出需要的量解凍即可。

　　南薑的使用歷史非常悠久，除了在料理上，藥用價值也不容小覷。事實上，南薑是中藥常見的藥材之一，萬金油、驅風油等原料裡都可以看到它。根據本草綱目記載，南薑原產自廣東的高良郡，因此

又稱高良薑,西傳後阿拉伯人取其諧音khalanjan,進而衍生成英文名Galangal。印度阿育吠陀醫學也懂得使用南薑來改善感冒咳嗽等症狀,這些功效主要歸功於它所含的高良薑素(Galangin),近代科學期刊也證實高良薑素有很好的抗氧化功能,可以降低發炎與清除自由基。

新鮮的南薑使用方法與生薑雷同,可以切片用於料理燉煮,屬於耐煮食材,通常不會單一使用,會搭配其他香料,常用於泰式咖哩、冬蔭功湯,可以去腥,適合搭配雞、牛、豬、羊等肉類與魚片、海鮮,也可以磨碎做醬料,是製作印尼、馬來西亞知名的仁當醬(Rendang,中文也常稱之為乾咖哩)與參峇辣椒醬(Sambal Goreng)必備香料之一。

市面上也可以找到乾的南薑片,僅適合做燉煮料理使用,可以先用溫水泡軟後再置入料理燉煮,香氣可更加釋放。在中東與北非也可以看見南薑料理,使用的是南薑粉,中東著名的Ras El Hanout混合香料會再加入南薑粉成為獨家配方;北非除了在料理上,更可見使用南薑粉做為Khoudenjal香料茶飲,而台灣道地小吃的番茄切盤的沾醬,便是使用醬油膏、糖、甘草粉和薑所調製而成,而其中薑的部份,有些地區會改加南薑細末的唷!

你知道嗎?

這個看似東南亞才有的香料,其實在台灣也很常見唷!台灣原住民常使用的月桃和南薑是近親,將塊莖用在燉湯、用月桃葉包粽子,還利用其種子製作仁丹藥丸!

認識香料

068

沙薑
Sand Ginger

學　　　名	*Kaempferia galanga*
英文別名	Kencur, Aromatic ginger, Sand ginger, Cutcherry, Capoor cutch
中文別名	山柰、三柰、沙薑、埔薑花、番鬱金、山辣、土麝香
原 產 地	印度、東南亞
現在主要產地	中國南部（兩廣地區）、東南亞、台灣
食用部位	塊莖
風　　　味	香氣鮮明且辛辣，新鮮沙薑香氣中帶有柑橘、松木的味道，細聞有淡淡的樟腦氣味。乾燥沙薑帶有木質、類似薑黃、胡椒的香氣

　　沙薑是熱帶多年生草本植物，與薑同科但葉片部分與薑的不同，通常是兩枚葉片相對而生，大且圓或是寬長的卵形，具有塊莖但無地上莖，塊莖部分與薑、南薑的外型相似，但體型與前兩者相比最小，外皮呈黃褐色，外皮顏色較粉薑深而比南薑淺，帶有光澤。切開後沙薑的薑肉潔白，特殊的香氣撲鼻，辛辣程度略低於老薑但勝過南薑，因為它可以耐旱，適合生長於砂質土壤，因此得名沙薑。選購新鮮沙薑的條件與薑相同，選擇實心、外表無病害發霉者，可以耐保存，一般放在冰箱冷藏可以保鮮兩週左右。

　　沙薑是藥食兩用的植物，富含蛋白質、纖維、礦物質如鉀、磷、鎂、鐵、錳等，比較常用於中藥，可以幫助消化，行氣止痛，中藥上

多用於急性腸胃炎、牙痛、風濕關節痛的病徵，它的藥性鮮明，如果購買是為了醫藥用途，必須要有醫生指示，近代科學期刊也可見其探討發展沙薑成為功能食品、降低膽固醇、抗氧化等的研究。

除了新鮮沙薑之外，沙薑粉與沙薑片也是常見的商品型態，可以在中藥行找到，乾燥的沙薑片少了新鮮沙薑特有的樟腦、柑橘香氣，但多了更濃厚的松木、胡椒味，沙薑粉可以直接塗抹與撒在食材上，乾燥的沙薑片則在使用之前需要先以溫水泡開，再依據需求切細或是直接加入燉煮料理。

料理上，沙薑可以為各式肉類去腥，但最適合搭配雞肉；東南亞常應用沙薑於咖哩、醃漬蔬菜、泰式沙拉、各式醬料製作，甚至取其香氣與功能應用於香皂和香水；中式料理中最著名的沙薑料理則是傳統粵菜裡的沙薑雞，做法非常簡單，先使用沙薑粉醃漬雞肉，再搭配各家喜好的其他香草香料、料理酒、醬料等蒸熟即可。

有人說如果沒有沙薑，可以使用一般的老薑代替，但其實並不完全正確，因為沙薑的香氣實在是很特殊，所以如果能買到沙薑片，密封乾燥避光下，保存期限可以長達兩年，可以買一些放在家裡，日後隨時想使用都沒問題。

認識香料

069

薑黃
Turmeric

學　　　名：	*Curcuma longa*
英 文 別 名：	Turmeric, Common turmeric, Haridra
中 文 別 名：	黃薑、姜黃、寶鼎香、毛薑黃、黃絲鬱金
原 產 地：	印度
現在主要產地：	印度、東南亞地區
食 用 部 位：	塊莖
風　　　味：	新鮮薑黃的風味與嫩薑類似，柑橘味更突出；乾燥薑黃風味混合土味、木質芳香、陳皮味與淡淡花香

　　從印度教的傳統醫學阿育吠陀開始，薑黃的使用歷史至今已經超過四千年，無論是在料理、醫藥還是宗教上，都佔有相當重要的地位，它是薑科多年生草本植物，主要食用部位為地下部的塊莖，外型與薑有點類似，但是表皮的顏色較深橘，不同的品種其剖面切開後可分為黃色（黃薑黃）、橘紅色（紅薑黃）與紫藍色（紫薑黃）。整體來說，薑黃的味道溫和略苦但不辛辣，是東南亞與南亞料理重要香料與天然食物色素，尤其黃薑黃明亮的顏色，更可作為天然衣物染料，甚至在印度、東南亞等地的婚禮上，可以看見利用薑黃鮮亮的黃色為動物皮毛染色，有著神聖的意涵。

　　長久以來，薑黃一直被認為可以改善發炎、緩解消化系統疾病、改善呼吸道感染、過敏、肝病、調節女性生理期與憂鬱。在印度、孟加拉和巴基斯坦等部分地區，新娘和新郎結婚前會將薑黃塗在皮膚

上,因為他們相信薑黃能使皮膚煥發光彩。

在科學上而言,薑黃的抗菌功能可使有害細菌遠離身體,這些功效主要歸功於它的活性物質——薑黃素,是植物生長過程中累積出的一種帶有特殊橙黃色酚類,具有很強的抗氧化、抗發炎與清除自由基的功能。

料理而言,薑黃除了是咖哩中的最重要材料之外,因為它溫和的香料調性,而且耐久煮,在多數日常料理中都可以加入薑黃粉做調味,可以應用在白飯、藜麥、各式麵食、蔬菜、豆類、蛋、魚、各式肉類料理及糕點製作,也可以與薑汁、檸檬汁混合做成夏日飲品,或是加在牛奶、咖啡等。

新鮮薑黃更多了一股胡椒香氣,如果有新鮮的薑黃,可先洗淨去皮後,將其切片或磨碎,便能直接加入上述料理取代薑黃粉,它一樣是耐煮的食材,所以能在烹飪前期便加入。東南亞可見用新鮮薑黃調製醬料,例如知名的星馬地區、印尼的Rempah醬,便混合了辣椒、紅蔥頭、南薑、薑黃、薑、甜茴香等,可以用來醃漬肉類,星馬料理中的叻沙醬也使用了新鮮薑黃作為主要原料之一。

薑黃及薑黃粉

剛採收的薑黃

認識香料

070

小豆蔻
Cardamom

學　　　名：	*Elettaria cardamomum*
英 文 別 名：	Cardamon, Cardamum, Cardamom, Green cardamom, True cardamom
中 文 別 名：	印度小豆蔻、細豆蔻、綠豆蔻、蘇泣迷羅、素泣謎羅香、青砂仁
原　產　地：	印度南部、斯里蘭卡
現在主要產地：	瓜地馬拉、印度、東南亞
食 用 部 位：	種子
風　　　味：	初聞有強烈鮮明的檸檬柑橘香氣，中後段可聞出一些樟腦、薄荷香氣，清新中帶有甜味

　　來自印度南部的小豆蔻，被譽為「香料之后」，是全世界最貴的香料之一，與薑源自同一個家族，卻帶著截然不同的料理氣味，自印度阿育吠陀文化起，使用歷史超過四千年以上，被認為是最古老的香料之一。

　　古埃及人使用小豆蔻作為防腐劑，並利用果莢來保持口氣芳香，獨特濃郁的氣味更深深吸引著古羅馬人和希臘人，用此製作香水精油；維京人在八世紀左右將它帶回北歐，小豆蔻因此在甚少接納外來文化與口味的北歐國度佔有非常重要的料理地位，至今北歐仍是小豆蔻非常重要的市場之一。

　　小豆蔻喜歡在溫熱的氣候下生長，雖屬薑科卻沒有粗壯的塊莖，食用的部分以果實與種子為主，小豆蔻果實呈綠色長卵圓形，因此又

被稱為綠豆蔻。果莢內黑色的種子是香氣的主要來源,但是種子的香氣散失的非常快速,所以一般在購買時,最好是含著果莢一起,需要時再分開,果莢也可以食用,對種子香氣有很好的保護作用。市面上看到的豆蔻粉就是小豆蔻磨粉,如果顏色較淡,是整個果實含果莢一起製成,更講究的作法則是挑出種子製成黑色的豆蔻粉,但是如上述所說,一旦果莢與種子分開後,香氣散失非常快速。

在民俗療法中,小豆蔻常被用來幫助消化,改善氣喘與口臭,現代科學研究指出,小豆蔻可以幫助改善高血壓、對抗癌細胞、抗發炎與改善消化系統、潰瘍等,也可以減少口內細菌降低蛀牙機率,多項重要的健康益處,在近代科學中逐漸開始備受關注。

料理上,小豆蔻是印度咖哩、馬薩拉混合香料的重要元素之一,可以增添肉類的鮮甜,除此之外,它更適合用在甜點與茶飲,北歐人大量使用小豆蔻於甜點之中,利用它的香甜氣味為糕點提升至另一個層次。

使用上,小豆蔻可以於料理前期加入,如果是連著果莢,可以先將果莢捏開,幫助香氣釋放,比如將果莢捏開後加入白米一起蒸熟,就是簡易的香料飯,更講究的可以將黑色的種子挑出,磨碎後再加入料理,或料理完成後直接撒上,不過因為它的香氣濃厚,用量上要相對保守。

你知道嗎?

市面上可以看到的小豆蔻,其實果莢有不同顏色,分別為棕色、綠色及白色。而白色小豆蔻就是綠色小豆蔻在採收後經過日曬褪色的版本,是同一種植物與種子,主要是北歐人為了烘焙應用時的美觀而調整新增日曬於製程之中,風味調性與綠豆蔻相同,但氣味與油脂比綠豆蔻低一些!

綠色小豆蔻

白色小豆蔻

認識香料

071

蒜
Garlic

學　　名：*Allium sativum*
英文別名：Garlic
中文別名：大蒜、蒜頭、蒜
原　產　地：亞洲中部帕米爾高原及中國天山山脈一帶
現在主要產地：世界各地
食用部位：鱗莖與其葉片
風　　味：新鮮大蒜具有獨特辛辣香氣

　　早在西元前2600年左右，蘇美人便懂得利用大蒜來治療疾病，考古學家發現同時期的中國也開始利用大蒜辛辣刺激的特性讓身體發熱；古印度醫學利用大蒜改善食慾不振、疲勞、咳嗽與皮膚病等；古埃及時期，建造金字塔的奴隸亦食用大蒜，以增加體力，法老圖坦卡門也添置大蒜於陵墓中以捍衛他的健康和財富；古羅馬時期的希臘醫師迪奧斯科里德斯除記錄大蒜多項醫藥用途之外，更建議使用大蒜與紅酒等配方治療蛇毒，因此大蒜在古希臘又稱作蛇草。大蒜除了在醫藥上歷史悠久之外，它辛辣獨特的口感與香氣，更在古今中外的料理中讓人為之上癮，因此，在全球各地都可以輕易取得這項香料。

　　源自於西亞地區的大蒜喜歡偏冷的氣候（18～20℃），高溫不利生長，在採收後也會有休眠現象，如果將氣溫維持在26～30℃左右，休眠期最長。如果置於冰箱，寒冷的溫度容易喚醒大蒜而發芽，因此，儲存大蒜鱗莖最佳的地點在室外而非冰箱。完整採收的大蒜是

由數片蒜瓣結合而成的蒜球，每片蒜瓣有各自的內膜保護，再由主要的外膜將各蒜瓣包裹成球，若保持結球的狀態，大蒜是沒有味道的，因此行政院農委會便推薦在選購大蒜時可以把握「膜要亮、肉要白、瓣要硬、芽要短、味要淡」的基本原則，即內外膜要乾淨潔白油亮，蒜肉潔白，蒜瓣堅硬，蒜瓣內芽體短，蒜球味道淡，表示蒜球新鮮組織完整未破損、品質好，較耐久存。

大蒜適合應用於各式鮮食料理，無論煎、煮、炒、炸都可以運用，耐煮也可以生食，除了中式料理用來爆香提味或製成沾醬外，西式料理也常見生食大蒜，將其磨碎或切碎後，搭配番茄塗抹在麵包上食用，或是製作馬鈴薯泥再拌入新鮮蒜泥，成為香辣道地的希臘大蒜馬鈴薯泥，市面上可以買到各種不同形式的大蒜製品，但是如果要取其辛辣的口感，還是以新鮮大蒜最佳，乾燥後的大蒜風味截然不同，也會喪失主要的辛辣香氣。

蒜頭爆香經常是家常料理關鍵的味道。

認識香料

072
茴芹
Anise

學　　　名	*Pimpinella anisum*
英文別名	Anise, Aniseed, Anix, Anise seed
中文別名	茴芹、西洋茴香、洋茴香、大茴香、歐洲大茴香
原　產　地	埃及、地中海
現在主要產地	地中海地區、中東、墨西哥
食用部位	種子、葉片
風　　　味	氣味香甜，與甘草、八角香氣非常類似

　　茴芹是來自地中海一年生的草本植物，因為茴芹籽與茴香籽、八角茴香等香氣類似，部分料理也可互相取代，所以市面上產品名稱多有混淆。購買茴芹籽時，開罐應立即聞到撲鼻的香氣，種子外型橢圓，與茴香籽類似，但體型較小，每顆種子大約 3～5 公釐長；植物型態上，茴芹靠近基部的葉片都有著細長的葉柄，上部葉片則呈羽毛狀，花部為傘狀花序，種子與葉片皆可食用。料理上以種子最為常見，氣味強烈鮮明，並帶有纖細的柄，購買時，可以用這個「柄」的特徵判斷是茴芹籽。

　　茴芹籽強烈的香氣來自它的茴香腦成分，自古以來人們便懂得利用這成分作為醫藥用途，改善消化與預防癲癇發作。古羅馬人也會掛茴芹在枕邊以預防惡夢，現代各種研究也顯示了茴香腦對人類健康的多種益處，例如抗發炎、改善胃潰瘍、抗癌、抗糖尿病、免疫調節、神經保護或抗血栓形成。它也含有豐富的鐵、錳和其他礦物質，近年

來逐漸有更多研究投入開發茴芹在醫藥保健上的各種用途。

茴芹最常見的是應用在甜點烘焙上，歐洲人非常喜歡它的香甜氣味，除了糕點、餅乾、麵包等料理外，也可以應用於烤蔬果，例如烤無花果、蘋果等料理上，應用方式簡單，直接在製作麵糰期間添入或烘烤前撒上一些茴芹即可增加香氣。北歐人在燉煮肉類料理會添加茴芹增添層次感，地中海與中東地區在茴芹上的使用則最為開放，不拘束料理種類，並且會釀製茴芹酒，利用茴芹酒改善身體健康，做料理調味與活絡氣血。

購買茴芹籽時，最好選擇完整種子，在密封避光的條件下，保存期限可以長達兩年，料理時可以整顆種子使用或磨碎再添加，它屬於耐煮香料，可以在料理前期便加入提味，但是它的氣味強烈，用量拿捏上應保守；如果有新鮮茴芹葉片，則可以洗淨後少量添加在沙拉，可以為料理創造出優雅清新香甜的風味。

茴芹籽

認識香料

073

阿魏
Asafoetida

屬　　　名：	*Ferula*
英 文 別 名：	Asafoetida, Asafetida
中 文 別 名：	阿魏、央匱、阿虞、阿虞截
原　產　地：	中亞地區
現在主要產地：	伊朗、阿富汗、印度
食 用 部 位：	根莖的枝液
風　　　味：	阿魏在使用前臭味強烈，如同腐臭的大蒜，味道辛辣，經過加熱後會立即散發如洋蔥般的香氣

　　源自於中亞的阿魏屬於複合型的香料，是來自數種高大繖形科阿魏屬的植物莖與根部的枝液，當該屬植物成長的足夠強壯後（通常約1.5～2公尺高），採收者會將整株植物莖部靠近基部的地方砍下，此時基部便會開始流出乳白色汁液並快速凝固成樹脂，並且逐漸褐化，採收者將這部分樹脂汁液取走後，汁液會再重新分泌成新的樹脂，就這樣一直反覆採收直到汁液完全流盡為止。阿魏的樹脂成品的原型呈現塊狀有如深紅色寶石，但是在市面上很難找到，一般看到的都是已經磨成粉並且經過其他粉末（例如麵粉）或香料（例如薑黃）稀釋的半成品。

　　阿魏的氣味非常強烈，奇臭無比。事實上，如果將英文字元拆開來看，Asa源自波斯語的「樹脂」，foetida則是拉丁文的「腐臭味」，西方世界將之俗稱為惡魔／撒旦的糞便，以色列人更直接稱之

為「你聞了會想吐」的香料。

這麼臭的香料能夠留用至今主要有三個原因，第一，在民俗醫藥上，阿魏被認為能改善消化疾病、脹氣等，雖然現代研究少，但它的抗氧化力經現代科學認可；第二，因為含豐富的硫化物，和洋蔥類似，料理後的風味也與洋蔥相似，口味辛辣，深受印度人喜歡並大量應用於咖哩和其他料理；最後，有些宗教因為戒律不可使用蔥蒜，而阿魏是非常好的蔥蒜風味替代品。事實上，阿魏的主產地在中亞，但是印度由於宗教和氣味喜好的關係，佔有40%以上的市占率。

料理上，阿魏是料理前期就可加入的香料，使用前若是樹脂型態要先磨成粉，再用油鍋將阿魏「爆香」，油熱後加入阿魏粉快速翻炒數秒鐘，便可以聞到如蔥蒜爆香的香氣，但因為使用前後散發出來的氣味都很濃厚，一定要確保抽油煙機開啟或通風良好，爆香之後便可

粉狀及樹脂狀的阿魏

以關火加入燉煮料理或者直接加入其他食材翻炒，只要能和蔥蒜搭備的食材，都可以用阿魏嘗試，但是它的氣味強烈，價格也高昂，建議烹煮時先以小量調味即可，萬一不小心添加過量，可以延長加熱時間淡化氣味。

如何保存？

阿魏的原型是不規則的和紅色寶石狀，通常市售的阿魏已經磨成粉末狀，但無論是哪一種型態，味道都非常強烈，應該保持密封避光。如果是原型的阿魏，可以室溫保存長達兩年甚至更久，如果是粉末狀，就和其他粉末香料一樣，開封後應盡快於半年內使用完畢。

認識香料

074

胡椒
（黑胡椒/白胡椒/綠胡椒/紅胡椒）
Pepper

學　　名	*Piper nigrum*
英文別名	Pepper, Peppercorn
中文別名	胡椒、黑川、香料之王
原 產 地	南印度
現在主要產地	越南、印尼、印度、巴西、中國
食用部位	果實
風　　味	辛辣中融合木質與柑橘香味，甜度與辛辣程度依照顏色（收成與後製）略有不同

　　源自於南印度的胡椒是歷史上最有名的香料，也是至今應用最廣的香料之一，從西元前十三世紀應用在拉美西斯二世遺體保存起，它顯著的醫藥、保存功能與令人癡迷的辛香風味，在歷史上一直有著極高的價值地位，更被稱作「香料之王」，人們為它掀起了無數戰爭，也用它和解與贖回城池。

　　胡椒是生長於熱帶雨林地區的藤本植物，通常攀緣在其他樹木或支架上，橢圓形的葉片，單葉互生，花序成穗條狀，穗條成熟後結成果實，經過曝曬後果實會自動單顆掉落，就成為了我們所經常使用的胡椒。

　　同一種胡椒依據採收時程與後製方式不同，分為黑胡椒、白胡椒、綠胡椒與紅胡椒四種外貌，風味也不盡相同。黑胡椒是最常見的

成品，採收自果實由綠變紅的時刻，再經過陽光曝曬，所以外表又黑又乾又皺，香氣濃厚且辛辣誘人，幾乎是家家戶戶必備的香料之一；白胡椒則是採收於果實成熟時，再經過浸泡將種皮去除後乾燥而成，風味比黑胡椒溫和，是華人料理熱門香料，法式料理也慣用白胡椒於白醬料理，以避免影響視覺呈現；綠胡椒是未成熟的果實，口感溫和，清甜微酸，常見的商品形式有乾燥與醃製罐裝兩種型態；紅胡椒是完全成熟的果實，但採收乾燥過程容易讓果實變黑而成為黑胡椒，需要經過特殊技術保持紅色，因此這個產品最為難尋，多數製造商會選擇直接將果實製成黑胡椒或白胡椒，製程最簡單方便。

胡椒的醫藥與防腐價值除了在歷史上被認可外，現代也有許多科學研究投入其中，其中最有名的活性成分——胡椒鹼經研究證實可以保護細胞，抗發炎，幫助提升營養吸收與改善消化問題，而且經實驗證實，黑胡椒可以幫助提升 β-胡蘿蔔素的吸收效率，因此，料理上，胡椒除了與各式肉類、魚類、海鮮、蔬菜都可以搭配得宜外，與胡蘿蔔、紅椒等富含胡蘿蔔素的食材一起食用，可以讓彼此營養吸收更好唷！

你知道嗎？

市面上還可以找到粉紅胡椒，但是它並不是胡椒，是來自漆樹科肖乳香屬的植物的果實，風味類似胡椒，帶有較溫和的辛辣口感，並多了水果的酸甜與花香味。

胡椒植栽

剛採收的胡椒，因成熟程度而有不同顏色。

認識香料

075

八角茴香
Star Anise

學　　　名：*Illicium verum*
英 文 別 名：Star anise, Star anise seed, Star aniseed, Star of anise, Chinese star anise, Badian
中 文 別 名：八角、八角茴香、大料、大茴香（中藥行稱呼）
原　產　地：中國南部
現在主要產地：中國、越南
食用部位：果實
風　　　味：與甘草、甜茴香種子香氣類似，因為富含茴香腦，香氣又更為濃烈

　　八角茴香，在中藥行裡又稱八角、大茴香（備註：食品界稱的大茴香是 Anise），原生於中國南部，喜歡溫暖潮濕的氣候，主要生長在低海拔山區和平原地帶。八角屬於喬木，樹高可達 20 公尺，主要使用的部位是果實，成八角星形。絕大多數時，八角都是應用在食品，主要做為香料用途，但它最一開始的用途為藥材，在中藥使用上，主要以散寒理氣、止痛、治療腎虛與嘔吐腹痛等為主。

　　強烈的香氣是八角的特徵，甚至可以說它是所有擁有茴香稱呼的香料中「茴香味」最強烈的，主要是因為它含有高含量的茴香腦（anethole），而這一個成分讓八角也成了非常好的驅蟲劑。另外，八角經過萃取之後，所含的莽草酸是知名的克流感成分，但有趣的是，若未經萃取加工，八角本身並不具有對抗流感的功能。

Chapter 4　香料、香草大集合

此外，值得注意的是，美國食品藥物管理局研究發現，八角泡的茶飲成分具有某些神經毒性，即便是濃度低的八角茶飲，都可能會傷害嬰兒與兒童的健康，因此，除了嬰幼兒不可飲用這種以八角為主的茶飲外，懷孕與哺乳婦女也應避免飲用這類的茶飲。

　　中國、越南、泰國等亞洲國家的烹飪料理中都可嚐到八角風味，烹煮方式可分為炸、煮、燉、炒等多種方式，適合與牛肉、羊肉、豬肉、海鮮等搭配使用，能夠增加菜餚的香氣和風味。在烹煮八角時，可以直接加入菜餚中烹煮，也可以事先炒過、炸香或煮成八角水後再加入，八角是我們滷味裡不可或缺的調料之一，與花椒、桂皮、丁香、小茴香並列五香的基本材料。

　　在選購時，可以通過以下方式辨別品質：首先要挑選外表完整無瑕疵、無蟲蛀的八角，其次可以聞其香氣，優質的八角有濃郁的香味與一點點酒精刺激味，最後可以觀察果實表面，如果帶有油脂感且色澤光亮，表示其品質較好。

　　對於乾燥的八角，應先將其用開水泡軟後再使用，八角需要置於密封容器中，放在陰涼乾燥處保存，可延長其保存期限。

認識香料

076

孜然
Cumin

學　　名：*Cuminum cyminum*
英 文 別 名：Cumin
中 文 別 名：孜然、小茴香
原 產 地：西亞、中東、地中海
現在主要產地：印度、埃及、新疆、蒙古
食 用 部 位：種子
風　　味：味道辛辣、溫暖、微甜、略帶苦味，並帶有一種獨特的木質和土壤的香氣

　　源自於歐亞大陸交界的孜然，是蒙古烤肉的標準配備，也是咖哩與五香的重要台柱，它的使用歷史可以與胡椒匹敵，從古埃及時期開始，就是製作木乃伊過程中，會使用到的防腐材料之一。

　　歐洲中古時期人們認為孜然可以刺激情慾，甚至婚禮上新郎新娘也會攜帶一點孜然取個好兆頭。在古代歐洲，孜然常被與胡椒相比，在古羅馬時期，甚至可以以物易物的形式拿孜然與胡椒互相交換！

　　孜然之所以又稱小茴香，是因為它與茴香同屬繖形科，植物外觀類似，葉子細小且呈羽狀，但孜然的果實較細小，色澤為深棕色，當它與茴香籽放在一起，可以明顯看出色澤與大小差異，並可聞出孜然的苦味、土味與煙燻味，與茴香籽的甘甜味截然不同。當挑選孜然時，應該選擇色澤深、有濃郁香氣的品種。

　　孜然在民俗療法上時常用來改善輕度消化不良，並且具有祛風、收斂與止咳等功效，它含有的類黃酮是非常好的抗氧化劑，除了具有

抗氧化功能之外，科學研究也發現它的抗菌作用，具有高度保健食品開發潛能。

在料理上，孜然通常可以用於烤肉、燉肉和豆類菜餚的調味料，尤其是腥味濃厚的肉品，意外地與孜然搭配得宜，例如孜然羊肉就是最著名的一道孜然料理，同時它也可以用於烤餅、咖哩和辣椒醬等。在印度和巴基斯坦，孜然被認為是咖哩粉的主要成分之一，也應用於摩洛哥和中東的烤肉串，自製混合香料時，孜然與洋蔥、肉桂、丁香、蒔蘿和芫荽等都可以搭配。

烹煮孜然時，最好將其乾燥後磨成粉末或事先焙炒孜然原粒，這可以幫助釋放香氣和味道，同時也應該注意適量使用，過多的孜然會使菜餚變得苦澀。

孜然應該保存在密封的容器中，避免陽光直射和潮濕的環境，原粒孜然可以保存長達一年左右，而磨成粉末的孜然則應盡快使用以保持其最佳風味，除此之外，孜然保存上尤其怕熱，如果長期處於超過35度的高溫，容易喪失香氣，所以要小心不要為了取巧將它存放在開放式的胡椒罐中，然後又放在瓦斯爐附近，進而浪費了香氣。

認識香料

077

香菜籽／芫荽籽
Coriander seed

學　　　名：*Coriandrum sativum*
英文別名：Chinese parsley, Dhania, Cilantro, Coriander
中文別名：香菜籽、芫荽籽、胡荽籽、香荽籽
原　產　地：地中海、西亞地區
現在主要產地：世界各地皆廣泛種植
食用部位：種子
風　　　味：種子有清香的花香與柑橘味

　　許多植物的葉片和種子都同時可以作為香草及香料食用，但香菜和其果實——芫荽籽在這裡特別挑出來介紹，主要是因為它們的香氣與用途大不相同。

　　芫荽籽的香氣獨特地出人意料，來自草本卻充滿柑橘香氣與迷人花香。此外，人們很早就知道芫荽籽的醫藥用途，可以幫助抗菌與改善消化不適，而西元前1323年，埃及法老圖坦卡門陵寢被填滿了芫荽籽，自此它因為防腐、醫藥與香氣等功用，成了古代歐洲君主與貴族等人的重要陪葬品。

　　古羅馬時期的希臘名醫迪奧斯科里德斯也在《藥物論》中提及芫荽籽配葡萄甜酒可以幫助身體驅蟲，古印度醫學阿育吠陀更認為芫荽籽可以調和身體的熱氣，並改善腸道問題，而1930年代的醫學紀錄中指出煙燻芫荽籽可以改善牙齒痛，小小一顆芫荽籽在醫藥歷史上竟如此不容小覷。

當然在料理上芫荽籽也被廣泛使用，芫荽籽濃郁香氣中帶著微苦的辛辣口感，讓它是印度咖哩的基礎配方之一。古羅馬人也會使用芫荽籽來製作麵包以提高香氣，古羅馬烹飪聖典《阿皮修斯》便數次提及使用它來調理味道。此外，芫荽籽甚至是比利時的啤酒調味料之一，在啤酒釀造中發揮重要作用，也是波斯和中東一帶常用的香料，可以用在醃漬蔬菜裡讓風味擁有更多層次。

　　在料理中，芫荽籽可以磨成粉末或直接使用，常用於烤肉、燉菜、湯和醬料等，耐煮並能增添風味和香氣，味道適合與肉、魚、蔬菜等食材搭配，特別是與印度、墨西哥和東南亞等地的菜餚搭配更是絕佳。在烹飪前，可以先輕微烘烤芫荽籽以提升其香氣和味道，或是先下鍋乾炒讓風味更突出。

　　挑選芫荽籽時可以注意香氣愈濃，品質愈好。磨粉後香氣不易保存，盡量不要選購，而它的香氣最主要是包含在種籽內，市面上有機率買到只有含種皮的香料，這個等級最差。保存芫荽籽時應該避免潮濕和陽光直射，最好放在密封的容器中，以維持其香氣和味道。

認識香料

078

花椒
Sichuan Pepper

學　　　名：*Zanthoxylum bungeanum*
英 文 別 名：Sichuan Pepper, Sichuanese Pepper
中 文 別 名：秦椒、蜀椒、川椒
原　產　地：四川
現在主要產地：四川、甘肅、陝西到西藏等地
食 用 部 位：果實
風　　　味：乍聞有濃濃花香與柑橘香氣，尾韻苦中帶辛麻感，口感麻辣中帶有苦味

　　日常生活中常用到的花椒，或許讓人有些出乎意料，它和柑橘類一樣同屬芸香科植物。花椒樹為常綠喬木，拿來做為香料的則是果實部分，花椒的風味特殊，混合著花香、柑橘檸檬等味道之外，帶有微辣和麻的感覺，是知名的川菜料理調味料。雖然主要產地在中國大陸西南部，但事實上台灣有一個原生種植物——食茱萸，是原住民愛用的香料，就與花椒同為姊妹，都是屬於芸香科花椒屬，但口感較為溫和。

　　花椒在《本草經》中稱為蜀椒，由此可知它很早就被發現可以食用，並且被應用在中藥材中，主要是用於溫中止痛，甚至可以殺蟲、殺菌與止癢，也具有健脾開胃的功效。現代科學也對花椒的功效進行了研究，發現花椒中含有豐富的抗氧化物質，同時花椒中所含的花椒麻素能夠抑制脂肪的合成和蓄積，有助於降血脂和減緩體重增加。

　　在料理方面，花椒常見於四川麻辣火鍋、麻辣雞、口水雞等菜式

中，也是中式五香的基礎原料之一。花椒可以磨粉或直接使用原粒。若使用原粒的花椒，料理前可以先浸油或泡水，這些事前處理可以幫助釋放出其風味和香氣，如果是長時間燉煮的料理，便可以不用泡水預先處理。

花椒與肉類、豆類、青菜等食材搭配都十分適合，耐久煮，風味特殊，若不喜歡它的苦味，可以先泡酒去除，此外也可以將花椒浸在味道較少的食用油中，則成了花椒油，能隨時拿來炒菜或淋在料理上增加風味。

好的花椒應該有著明亮的顏色和濃郁的香味，開封後要放在密封的容器中保存，避免受潮和潮濕，市面上也可以找到新鮮花椒，通常是青綠色帶著枝條的樣貌，花香與柑橘風味更明顯，可以燉湯與炒菜，保存上可以分小包裝真空後冷凍，能保持花椒的香味、色澤和風味長達1年，但是如果取出顏色已經改變，就應該捨棄唷！

認識香料

079

肉桂
Cinnamon

學　　　名：*Cinnamomum cassia*
英 文 別 名：Cinnamon, Cassia
中 文 別 名：桂枝、桂皮、官桂、桂心、簡桂、玉桂、牡桂
原　產　地：斯里蘭卡、印度、緬甸、東南亞與中國
現在主要產地：印尼、中國、越南、斯里蘭卡
食 用 部 位：乾燥樹皮部分
風　　　味：初聞便可感到濃烈的木質香氣中帶有一點陳皮香氣，中段氣味甘甜，嚐起來甜中帶點辛辣感

　　肉桂取自肉桂樹的內層樹皮，削下之後經過陽光曝曬至乾燥而成，早在古埃及時期，肉桂就被視為一種珍貴的香料，用於製作藥物、保養品和香水，到了古羅馬時期，肉桂依舊非常昂貴，只有貴族和富人才能負擔得起，這樣的高價一直持續到了中世紀，甚至是大航海時代主要的香料獵物之一。

　　現代的肉桂已是人人知曉，甚至隨手使用的日常香料，但就連第一大知名可樂品牌都敢大膽推出了肉桂風味的可樂，可見即使超過千年歷史，它的魅力依舊迷人。

　　市面上不同的肉桂名稱也間接告知肉桂的形態與檔次，例如桂皮、桂角、桂札及桂心，雖然皆取自樹皮，但位置及加工手法不同，另外還有桂枝（以枝條為主）、桂子（乾燥的果實）及桂蒂（肉桂葉

葉柄）。

　　肉桂在中醫裡有許多功效，包括調節氣血、溫經散寒、健胃消食等，在傳統醫學中，肉桂被廣泛用於治療消化不良、月經不調、關節炎等症狀，而現代科學研究則顯示，肉桂含有豐富的肉桂醛和抗氧化物，能用於抗菌、抗病毒、預防心血管疾病和糖尿病等，此外，肉桂還含有豐富的鐵、鈣和能提供益生菌的益生質等成分，有助於增強免疫系統和促進腸道健康。

　　由於肉桂香味非常獨特，直接食用帶有強烈的甜味和微辣味，加熱後味道更能昇華出另一種底蘊，是許多甜點、飲料、烹飪中常用的調味料之一，常見的用法包括加入燉肉、香草茶或者灑在熱巧克力或咖啡上。此外，肉桂還可以與其他香料一起使用，例如丁香、孜然、

切肉桂樹皮

八角和花椒等，以增加味道的豐富度，中式五香與印度馬薩拉香料就是以肉桂作為基底香料之一。

關於肉桂的等級，一般可以根據肉桂的細度和顏色來進行區分。高級肉桂的樹皮薄，柔軟易碎，色澤紅棕色，帶有強烈的甜味和辣味。次級肉桂的樹皮較粗糙，顏色較淡，味道和香氣也比較弱。

在市場上，可以透過觀察肉桂的外觀、嗅聞香味和品嚐味道來辨別其等級。在保存方面，肉桂應該保存在密封容器中，遠離陽光和潮濕的地方。最好在使用前將肉桂碾碎或切碎，以便更容易釋放出其香味和風味。

你知道嗎？

你知道肉桂精油可以代替咖啡嗎？根據研究顯示，光是聞肉桂就可以讓大腦活躍並增進活力唷！

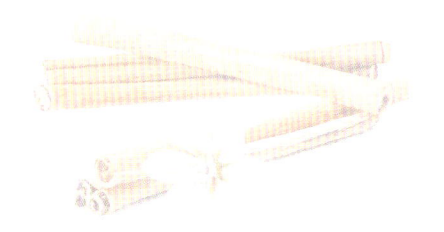

080

檸檬香茅
Lemongrass

學　　　名：	*Cymbopogon citratus*
英 文 別 名：	Lemongrass, Cymbopogon, Barbed wire grass, Silky heads, Cochin grass, Malabar grass, Oily heads, Citronella grass, Fever grass
中 文 別 名：	檸檬香茅、西印度香茅
原 　產　 地：	印度、斯里蘭卡
現在主要產地：	印度、東南亞、中南美洲
食 用 部 位：	莖桿
風　　　味：	結合清新濃郁的檸檬香氣與淡淡的胡椒、青草香

　　市面上稱為檸檬香茅的植物可以多達 50～60 種，都歸類在禾本科的香茅屬之下，乍聞都有檸檬、香茅香氣，若並列相較，會發現氣味上檸檬與香茅比重不同，展現的風味其實各有特色，在精油市場的分類相對明確。

　　我們這裡介紹的是原產於印度和斯里蘭卡等熱帶地區的檸檬香茅，也就是精油中所稱的西印度香茅。

　　檸檬香茅的外觀類似草本植物，有著長長的葉片，葉鞘光滑，葉舌厚，並且鱗片狀堆疊，高度可達 2 公尺，莖桿顏色呈淡綠至中綠色，在市場上所看到的都是只留下葉舌與莖桿的部分。西印度香茅主要散發出濃郁的檸檬味道，多道泰式料理、飲品中經典的柑橘清新香氣都是靠這款檸檬香茅，在東南亞地區，檸檬香茅早已被廣泛使用，

有著悠久的食用歷史。

檸檬香茅在民俗療法中有很多應用，可以用熱水泡或煮製成飲品，可以改善消化不適問題。印度人更認為新鮮檸檬香茅可以趕走蛇；阿根廷的瑪黛茶也會添加檸檬香茅，被認為有治療喉嚨痛的功用；東南亞人也會利用新鮮葉片的香氣驅蚊。現代科學研究也證實，檸檬香茅中主要特色化合物為檸檬醛，它的精油功效包括抗菌、消炎、鎮痛、驅蚊等。

檸檬香茅在料理上的應用極廣，從肉類、魚類、飯的燉煮與煎炒，到甜點、茶飲的調製都可以，如果是燉湯，可以將整個莖桿敲碎加入燉湯裡即可，敲碎是讓香氣能更為舒展，它的纖維很粗糙，煮過之後可以取出丟棄。如果用來炒飯，可以先切成小碎片再烹煮，檸檬香茅和大蒜、辣椒、椰漿等食材搭配使用效果更佳，由它帶出的清新檸檬味更可以提振食慾，讓人口水直流！

檸檬香茅

要辨別檸檬香茅的等級，可以從葉子的顏色和質地，以及檸檬味的濃郁程度等方面入手，好的檸檬香茅顏色不會泛黃乾枯，莖桿直挺並且香氣四溢。檸檬香茅的保存方法很簡單，將其置於塑膠袋中放入冰箱冷藏或冷凍保存就可以了，在冷凍狀態下，檸檬香茅可以保存數週，甚至長達一年，需要使用時將其取出解凍即可。

你知道嗎？

台灣曾在民國40年代大量引進檸檬香茅，提煉出的香茅油曾為重要的出口產品，後來天然的香茅油不敵化學合成，進而導致沒落，但我們若到一些山區觀光景點，還是可以看到小攤販銷售香茅油。

認識香料

081

丁香
Clove

學　　　名	*Syzygium aromaticum*
英 文 別 名	Clove
中 文 別 名	丁子香、公丁香、支解香、雄丁香、雞舌香
原 產 地	印尼‧摩鹿加群島
現在主要產地	印尼、尚吉巴、坦尚尼亞、馬達加斯加島
食 用 部 位	乾燥的花蕾
風　　　味	獨特的花果香、陳皮香，並帶著胡椒、樟腦氣味混合，帶有一點苦辛味

　　來自印尼摩鹿加群島的丁香，是桃金孃科的常綠喬木，花蕾成型時呈淡綠色，開花時會逐漸轉為淡粉紅色，帶有甜香味。

　　採摘丁香的花蕾並乾燥後便可製成有著奇特香味的香料，而當丁香傳到漢朝時，漢人為之驚艷，並發現嚼食丁香可以改善口臭，從此發展成官員面聖時保持口氣清新的禮儀。它的特殊風味也讓中古世紀的歐洲人著迷，將近十個世紀的時間，丁香的價格居高不下，甚至成了威尼斯商人致富的關鍵香料之一，因此也名列在大航海時代香料狩獵的名單中。歐洲人為了爭奪它，在摩鹿加群島引起不少爭端與衝突，讓當地原住民深受其害。但諷刺的是，現代人卻對丁香華麗的香味感到突兀，更多時候它從主角降為配角，甚至成了多數台灣人口中看牙醫時體驗到的麻醉藥的味道，或是某知名品牌強胃散的氣味，對之厭煩摒棄，也實在無辜。

丁香在民俗療法中常被應用於胃部不適、化痰、舒緩牙疼與消除口臭。十三世紀時，丁香萃取物是有效的醫療用鎮痛劑，可以應用於牙痛、關節痛等，更是古代廚房常用的食物防腐劑，而科學證實丁香所含的丁香酚與其它酚類有很好的抗菌、抗氧化活性，它的精油可以有效減少食物中大腸桿菌、金黃色葡萄球菌等，甚至成為蚊蟲忌避劑，具有許多產業可開發應用的潛力。

丁香氣味辨識度極高，適合用於甜點，尤其中世紀的蘋果派便很流行以丁香提味。它也可以應用在調味烤肉、磅蛋糕、熱紅酒、印度奶茶、混合香料等。但在料理上如果要與其他香料混合，容易造成搶味，因此用量要極少，建議可以先浸泡在旁，料理時酌量添加。

要辨別丁香的等級，可以觀察其顏色和形狀，優質的丁香顏色偏深，形狀完整，沒有損傷或裂縫，存放時，要放在密封的玻璃瓶中，並放置於陰涼乾燥的地方。

乾燥丁香。常用的丁香是「公丁香」，是取用花蕾部份；「母丁香」則是指成熟後的果實。

認識香料

082

番紅花
Saffron

- 學　　名：*Crocus sativus*
- 英文別名：Saffron, Saffron crocus, Autumn crocus
- 中文別名：番紅花、西紅花、藏紅花
- 原　產　地：土耳其、伊朗
- 現在主要產地：伊朗、西班牙
- 食用部位：雌蕊柱頭
- 風　　味：氣味溫潤且獨一無二，帶著花香、蜂蜜香氣，口感苦中帶甘

　　番紅花香料原產於伊朗，屬於鳶尾科多年生草本植物，有長而細的葉子和紫色如鬱金香般的花瓣，所使用的香料是取自花內的雌蕊，一朵花只有三根雌蕊，只能產出0.006公克左右，也就是大約需要150～200朵的花才能製成1公克的香料，而且必須要人工摘採，得來不易。

　　番紅花的風味獨特，有著濃郁的花蜜香氣但品嚐起來微苦微甜，早在古埃及、美索不達米亞、巴比倫、波斯帝國等這些西元前的重要文化朝代中，就有使用番紅花的紀錄，即便到現代，數十個世紀以來，番紅花仍舊是全世界最貴的香料的代名詞，也是世界上最古老的香料之一。

　　番紅花在料理、染色、香氣、風味、醫藥營養上都有極高的價值，在古代波斯帝國時期，他們會使用番紅花作為亮黃色地毯染料、亞歷山大大帝在他前往亞洲的戰役中使用番紅花沐浴，認為可以療癒

傷口並增加信心，而他的士兵也認為有效，在戰後也持續這樣的做法；古希臘與古羅馬人也使用番紅花製成的香水，古羅馬學者老普林尼也記錄了番紅花具有改善腸胃與腎臟疾病的功效，民間更流傳著它的催情功效，上述舉例只是冰山一角，而且都是其來有自，因為後來經過科學研究分析，它特有的成分番紅花素、苦番紅花素、番紅花醛、類黃酮等，確實可以達到諸多目的。

在料理中，它的獨特風味和顏色也使其成為烹飪和烘焙的理想材料，最著名的使用有如西班牙的海鮮飯、米蘭番紅花燉飯、中東的香料飯和法式沙朗牛排等。在使用番紅花時，通常需要先將之泡在熱水或肉湯中以釋放其風味和顏色，然後再加入其他食材，但製作燉飯時，番紅花可以與米飯一起入鍋，讓米粒吸滿它的花香。

要辨別番紅花的等級，可以從其顏色、花柱長度和香氣等下手，通常顏色愈深且花柱愈長的番紅花愈好，高品質的番紅花通常是紅橙色的，香氣濃郁。此外，番紅花的保存方法也很重要。最好將其存放在密封容器中，避免曝露於陽光下或潮濕的環境中。

番紅花取用的部位是花的雌蕊

乾燥的番紅花

認識香料

083

香草莢
Vanilla Bean

學　　　名：*Vanilla planifolia*
英 文 別 名：Vanilla, Vanilla bean
中 文 別 名：香莢蘭、香草、香草莢、香子蘭、香草蘭
原　產　地：中、南美洲與加勒比海地區
現在主要產地：馬達加斯加、印尼、墨西哥
食 用 部 位：豆莢內的種子
風　　　味：新鮮的香草莢味道平淡，但發酵後風味溫潤香甜，並帶有獨特的煙燻奶香味與樟腦、酒精等刺激味道

　　香草莢屬於蘭科的植物，植株名為香莢蘭，它很特別，具有攀緣性，會順著樹幹而生，並且它的開花時間只有12小時左右，因此需要人工授粉才能增加結果率，但從結果到落果卻要等上8個月的時間，而且新鮮的果莢顏色深綠不具香味，成熟後待顏色轉為淺綠，還需後製加工才能成為香料。

　　墨西哥古法製作會將果莢日曬（殺菁）與置入木盒發酵，要不斷重複這兩個過程，直到香草莢的香氣、濕度、外觀都達標為止，全程大約需要2個月左右的時間；現代的科學加工法也遵循著類似的製程還加上乾燥與熟成，除了維持品質外，也便於長途運送的保存，因此仍需要耗費總共3～4個月時間，也就是說一個香草莢從結果到端上餐桌，至少要花上一年的時間，所耗成本極高，因此是全球僅次於番紅花的第二高價香料。

香草莢原產於墨西哥西部灣區的帕潘特拉市，自阿茲特克文明時代就開始使用，在當時香草莢便已是珍貴的供品、香水與食用香料，當地奧爾梅克人會配戴香草莢作為護身符，而托托納克人更認為這是神賜與的果實，並且將之馴化種植。

　　一直到了十六世紀初，西班牙人到達此地後才將香草莢帶回歐洲，並嘗試開始種植，但儘管現代馬達加斯加與印尼已是最大量產國，老饕們還是喜歡到帕潘特拉市尋找全世界最好的香草莢。

　　從民俗療法和精油方面看，香草莢一直被認為有舒緩壓力、消除焦慮、改善睡眠等功效；在料理方面，香草莢被廣泛用於製作甜點、糕點、冰淇淋和飲料，使用上，將莢果縱切打開，以刀背取內部的種子並直接加入食物中即可做調味，香草莢還可以與其他香料如肉桂、丁香和肉豆蔻等一起使用，以增加風味，搭配巧克力、甜橙和焦糖等食材搭配效果更好。

　　要辨別香草莢的等級，可以通過外觀和香氣來判斷。高品質的香草莢通常呈深色且有光澤，大約15公分長，具有強烈的香氣和甜味，過熟的果莢皮會裂開喪失風味，太嫩的果莢長度也可能會過短而香氣不足。

Chapter 4　香料、香草大集合

認識香料

081

肉豆蔻
Nutmeg & Mace

學　　名：*Myristica fragrans*
英文別名：果仁：Nutmeg；果仁上的假種皮：Mace
中文別名：肉豆蔻、肉蔻、肉果、玉果、麻醉果
原　產　地：印尼香料群島・班達群島
現在主要產地：東南亞、澳洲及加勒比海地區
食用部位：果實種子
風　　味：有一股濃郁清新木質的樟腦、薄荷、橡樹的香氣

　　肉豆蔻，原生於印尼香料群島——班達群島，與之前介紹的薑科小豆蔻不同，是來自於肉豆蔻科的常綠喬木，果實大約3～5公分長，屬於卵狀橢圓帶核仁的核果，核仁大小有如橄欖，是主要香料部位；而核仁外層帶有的假種皮也是香料的一種，味道較為溫和，在市場上通常包裝成不同的香料。在中藥舖內還可以找到整顆果實帶著果肉一起乾燥的「香果」，需要撬開後才能釋放香氣與料理，但實際料理上想要取得的香氣主調都是在核仁。

　　肉豆蔻在西元六世紀左右從康士坦丁堡進入歐洲便造成風靡，人們會在節日和特殊場合上用肉豆蔻來調味菜餚犒賞自己，甚至好幾世紀以來都價高於黃金，可以等同貨幣使用。在大航海時代，荷蘭人為了爭奪肉豆蔻的產地，不惜犧牲了現今的紐約曼哈頓島作為交換，可見它在西方人的眼中價值。

　　肉豆蔻獨特的香氣除了可以製成香水、精油與料理之外，也可以

用來做藥物使用，但需要醫師處方，治療胃部不適、腸胃炎、消化不良、咳嗽、感冒、疲勞等症狀。肉豆蔻在使用上要很小心，在西方民間有句警語「第一顆核仁對身體有益，第二顆對身體有害，第三顆會致命」（One nut is good for you, the second will do you harm, the third will kill you.），因為它含有的肉豆蔻醚和黃樟醚具有毒性，食用7.5公克以上粉末會產生迷幻效果，可以作為迷幻劑，所以它可是美國聯邦監獄的違禁品。

在烹飪方面，可將核仁小心切碎再使用磨豆機磨碎，或是直接切成薄片或小塊，能用於製作甜點、醬汁、肉類和湯類等。肉豆蔻也能搭配不同香料如八角、丁香、肉桂等來進行不同的肉類與海鮮料理，需要久煮或事先浸泡才能釋放香氣，也可用來製作混合香料，因為香氣濃烈，用量上2～3人份料理使用一顆核仁搭配其他香料便已足夠。

肉豆蔻的等級分類上，頂級肉豆蔻種子大小均勻、色澤深，而次等的肉豆蔻種子會比較小，且色澤較淺，甚至有破損。肉豆蔻要存放在密封的容器中，置於陰涼、乾燥的地方，避免潮濕和陽光直射。

你知道嗎？

肉豆蔻的中文通稱容易與薑科的小豆蔻搞混，主要分辨方式為小豆蔻常見外貌為帶著綠皮的果莢，果莢捏開之後會有大約12～14顆的小種子，便是香氣來源；而一般看到的肉豆蔻核仁很硬，大小如橄欖，需要用刀切開或槌子撬開。

肉豆蔻的果實

經常乾燥並磨成粉使用

225

認識香料

085

杜松子
Juniper

學　　名	*Juniperus communis*
英文別名	Common Juniper, Juniper berry, Jenever
中文別名	杜松子、歐洲刺柏
原 產 地	北半球的溫帶地區
現在主要產地	北美洲、歐洲
食用部位	果實
風　　味	乾燥的杜松子初聞有淡淡陳皮與丁香香氣，果實壓碎後會出現一股明亮清香的松針與樟腦香氣，果實內含有堅硬種子，入口微辛有淡淡的花椒香氣。

　　杜松子來自常綠柏科植物，果實外觀圓形且為藍黑色，狀似藍莓，是北歐、北美少數原生香料。據傳在古埃及時人們便懂得利用其醫療功效；古羅馬時期，希臘戰士將之視為可以增加勇氣、提振士氣的神奇果實；北美印第安人也會利用杜松子來治癒疾病，香氣獨特，很早便是歐美家庭常用香料。

　　杜松子在飲食文化中有著悠久的歷史，因為有著微妙的柑橘調性，使其成為製作各種飲品和料理的理想選擇，更為許多料理增添香氣和風味，最著名的應用是北歐人將它拿來為蒸餾酒調味。荷蘭人稱 Juniper 為 jenever，這類調味酒稱呼的發音著重在第一個音節，簡稱為 Gin，就是廣為人知的琴酒。

　　在土耳其的傳統醫學中，他們認為杜松子具有利尿、防腐、抗菌

和抗發炎等功效,可用於治療尿道感染、關節炎和消化不良等問題;北美印第安人也利用它來治療偏頭痛,更取杜松的根部混合果實,製成具有民俗醫療用途的花草茶。一些現代科學研究也證實了杜松子的傳統用途,並發現其具有抗氧化、抗發炎和抗癌等益處。

杜松子的香氣和風味能為許多菜餚增添獨特的味道,可以在家自製琴酒,將杜松子放入清酒、高粱或伏特加中浸泡一段時間,便可使其釋放出香氣和風味,能單獨飲用,也可以用於調製各種雞尾酒。

料理上應用極富彈性,非常適合用於醃製肉類,尤其是豬肉和雞肉,搭配鹽、胡椒、大蒜就很美味,可創造出淡淡地類「五香」調味,也可以和其他香料混合,用作烤肉或烤蔬菜的調味料,或用於快炒,更可以直接使用;乾燥果實細嚐可以先嚐到果肉的甜味,果肉劃開後可以嚐到帶有淡淡花椒香氣;辛香氣味較鮮明的種子,在烹飪過後的風味較為溫潤,料理之前可以先將之碾碎或是用刀的側面將果實壓碎,能幫助香氣釋放,但若非磨碎,料理後可以將杜松子挑掉,以免影響口感。

杜松子

認識香料

086

辣椒
Chili peppers

學　　　名：*Capsicum annuum*
英文別名：Chilli, hot pepper
中文別名：牛角椒、菱椒仔（台語）
原　產　地：中南美洲
現在主要產地：印度
食用部位：果實
風　　　味：辛辣感，生的辣椒果肉清脆，帶有特殊辛香氣味

　　辣椒種類多達上百種，是世上最受歡迎香料之一，有的辣椒可以辣到讓人無法喘息，也有品種帶著舒適清甜微辣的口感。原本哥倫布抵達中南美洲之後，將辣椒誤以為是胡椒的一種，將之帶回西班牙，可惜歐洲人對這種辛辣口感並不買單，所以並沒有廣為流傳。真正將辣椒傳播開來，應該歸功於葡萄牙人，由於辣椒種植與採收是人力密集的工作，與其運送大量黑奴至中南美洲，葡萄牙人索性將辣椒帶回非洲種植，再重新出口到巴西與其他富有商機的亞洲國度，因此廣為流傳。

　　但早在大航海時代之前，辣椒早已是中南美洲慣用的食材與藥材，阿茲特克文明與馬雅文明時期辣椒便是常見的鍋中調料，他們更懂得使用辣椒煙燻來改善居家環境與增進身體健康，主要是辣椒所含的辣椒素這類物質，這個成分最初在植物本身的作用為保護自身，避免被啃食或病菌寄生。而近代研究發現這一類代謝物可以抗菌消炎、

幫助脂質代謝、降低高血壓風險與改善心臟與血脂問題，因此市面上也衍生出不少具有辣椒成分的保健與瘦身產品，也有研究指出辣椒萃取物可以幫助改善部分田間病害，並可以用於軍事防禦用途。

辣椒有著辛辣刺激又容易令人上癮的口感，並含有豐富的維生素A與維生素C，無論生、熟、新鮮或乾燥都能作為料理，而且甜鹹料理皆宜，適用於各式魚肉調味，煎煮炒炸燉，也可以作為調味沾醬，更能結合咖啡、巧克力，是料理主調，也能當個襯職的配角，為料理畫龍點睛。不過，不同的辣椒有著不同的辣度，使用上要謹慎，以免引起不適，也要避免過度使用而掩蓋其他食材的風味。新鮮辣椒用塑膠袋稍作包裝放在冰箱便可以保存數週，如果是乾燥辣椒則應存放在乾燥陰涼的地方，才不容易變質及損失辣度。

Chapter 5

香料與台灣

香草香料的使用多半讓人覺得很西式，但是其實對它們的使用也可以很台式，而且是出乎意料的台灣味。

　　台灣因為地理地形造就的環境優勢，讓我們擁有極高的生物多樣性，許多的原生植物就這樣隱藏在深山中，有些原生但非特有的香草香料是來自中藥漢方的需求，透過之前漢人移居台灣後，一草一木地重新發掘出來；另一些香草香料的發現便要歸功於原住民的祖先，透過就地取材發掘出具有特殊醫藥性質的藥草，也延伸出具有食物保存與調味性質的香草與香料，在語言不統一且幾乎沒有文字記載的情況下，就這樣透過口耳相傳流傳下來。

　　此外，不同的原住民部落對同樣物種的植物也有不同的定義、應用甚至延伸成對祖靈的敬重與思念，將實際的美味添上美麗傳說，是另類的台灣之美。

　　這一章，雖然只能大略了解少數的台灣原生香草香料，但也希望透過這些簡短的介紹，讓大家在將來走訪山林或鄉間小路之際，在遇見部落美食的當下，能有更多不同感受。

087

台灣原生種香草香料入門

最在地的香草與香料，蘊含著強大潛力。

　　所謂的原生種，在生物學中指的是在該地的分布純粹是自然演化造成，沒有人為引入的因素夾雜其中。台灣地處亞熱帶，四季分明之外又有著特殊的地理環境，同時具有高山、平原、濕地與海洋，尤其是高山海拔將近4,000公尺，複雜的地形造就台灣多元的微型氣候，完整涵蓋熱帶、溫帶及寒帶的環境與溫度，再以此經年累月的造就出適性的土壤，使台灣的原生植物多樣性廣而複雜。

　　根據台灣植物誌第二版（2003年）所述，光是台灣的原生維管束植物就多達4,077種，其中有1,067種為台灣特有，只是在台灣有七成以上的食物仰賴進口，常見植物中更有多達九成是外來植物。台灣的原生香草香料種類雖然琳瑯滿目，但並不在我們日常生活的使用範圍中，實際上大部分的原生香草香料應用主要發生於原住民部落以及我們所使用的中草藥。

　　由於原住民所使用的香草香料通常並非刻意栽種，也無特意馴化或量產系統，大多是原住民祖先傳承下來的智慧，可能是祖先打獵返家時，在路邊信手捻來，或是受傷生病的時候就地取材，有些則是自家後院的雜草即興入菜如土當歸、大葉石龍尾。這類香草多半已融入部落傳統生活，使用方式相當直覺隨意，並有各部落自己語言的名稱，同時部落裡的香草市集供貨也不固定，多年來亦無系統文字記載，資訊較不明確。在現今資料庫上的建立仍需要時間，也因此，在現代人人追求嚐鮮的市場下，這些香草香料在大眾心中成了迷人又神

秘的難得食材。

許多台灣原生的香草香料作為料理用途之前，更多具有藥用以及食物保存等價值，比如利用金錢薄荷來製作利尿助消化的茶飲以及降火氣的青草茶；又例如對原住民而言，馬告（又名山胡椒）是非常好的居家良藥，可以消除頭痛、身體痠痛、健胃，更可以驅風、利尿和壯陽，泰雅族人更會使用馬告水緩解焦慮、偏頭痛和改善宿醉；又例如布農族將食茱萸（又名刺蔥）用於治療頭痛，排灣族則將之用於治療牙痛。

由於台灣可食用的原生香草滿山遍野，各部落在過去沒有直接交流，因此即使是相同的香草，使用方式也可能大相逕庭。例如布農族將土肉桂應用於料理之中，鄒族將之視為零嘴，而阿美族人會將其果實搭配檳榔一同食用。

香草香料在近年來亦吸引現代科學的投入，配合台灣近代對於非木材森林產物的發展策略與推廣，本土香草香料展現了食用、醫藥、保健、精油香水、甚至工藝等高潛力價值。

以香莢蘭（又稱香草）為例，海外的香莢蘭香草醛含量約在2%，台灣本土的香莢蘭香草醛含量介於2～3%之間，更勝海外品種；本土的土肉桂光是葉片就含有豐富的肉桂醛，香氣不輸傳統使用樹皮製成的肉桂棒，更因為不需要傷害樹皮而對林木有更好的保護貢獻。

若從醫藥保健的角度來看，目前已知金錢薄荷萃取精油具有良好的抗氧化能力，能有效降低發炎時產生的一氧化氮，改善細胞氧化造成的損傷；利用益母草發展出天然避孕藥的潛力，以及艾草精油改善痤瘡的應用潛力等。

而最深刻且無法阻擋地，當然就是本土香草香料的獨特氣味。在料理上所展現的獨到特色風味，也正一步步用它們的美味刻劃在大眾的味蕾，用最原始卻不斷創新的方式流傳。

海拔高度
（公尺）

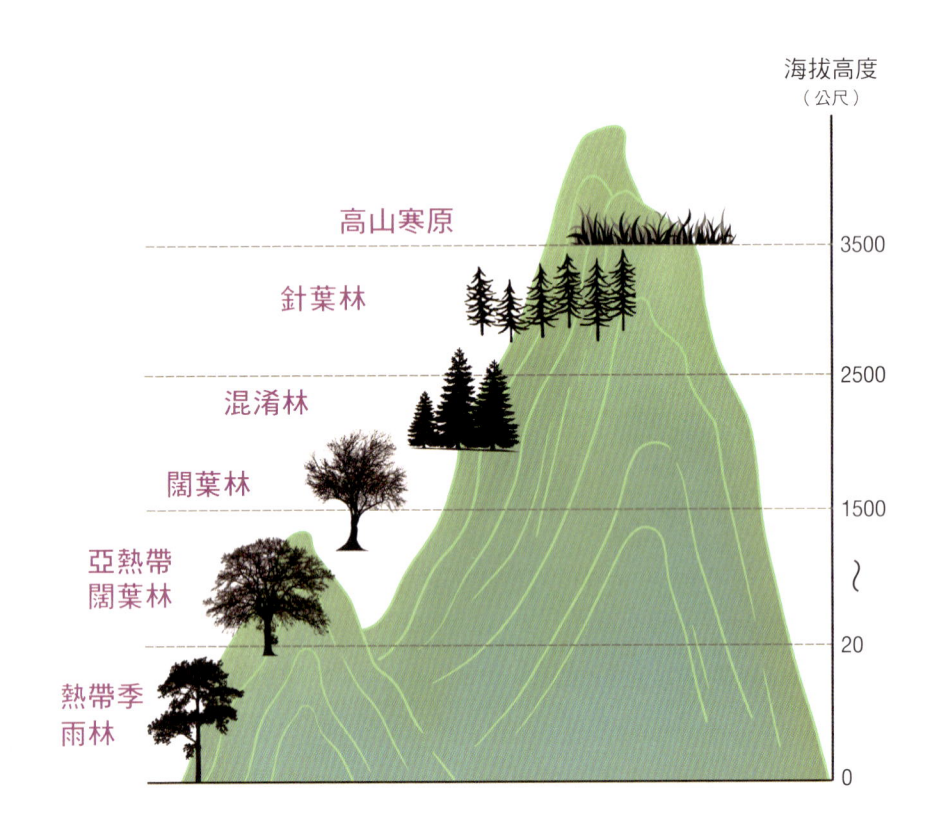

高山寒原 —— 3500

針葉林

混淆林 —— 2500

闊葉林 —— 1500

亞熱帶
闊葉林 —— 20

熱帶季
雨林 —— 0

臺灣地理位置及地形特殊，有許多超過3,000公尺的高山，
也帶來極為豐富的生態系。

088

羅氏鹽膚木
Roxburgh Sumac

學　　名：*Rhus chinensis var. roxburghii*
英文別名：Roxburgh sumac, Sumac
中文別名：羅氏鹽膚木、山鹽青、埔鹽、山埔鹽、鹽膚木、臺灣鹽麩子
原 產 地：台灣、中國、韓國、日本、中東
食用部位：果實與葉片
風　　味：酸鹹口感，淡淡果香，初嚐酸度類似仙楂餅而帶有鮮明的鹹味

　　羅氏鹽膚木屬於漆樹科鹽膚木屬的一員，台灣的原生種被歸類為亞種roxburghii，當地又稱為埔鹽。鹽膚木不僅在大部分的東亞地區都有之外，在中東也是歷史悠久的香料，樹高六米，果實鮮紅，籽大而堅硬，通常磨碎後使用。鹽膚木主調有明顯的果酸味，初嚐可以讓人直覺想到梅子、仙楂餅，可以為料理提升酸度，刺激唾液分泌，其鮮紅的外觀也讓美食的感官享受更添層次。

　　此外，它的果實含有具鹹味的乳脂狀物質，是少數能夠改變料理鹹度的香料，風味獨樹一格，也是原住民過去料理鹽分的來源。台灣原生種的鹽膚木生長於海拔2000公尺以下的地區，不同於中東品種，果香淡而清新。

　　料理上而言，鹽膚木除了果實可做為香料食用之外，其嫩葉也可以做為救荒野菜，以中醫觀點而言，整棵樹都具有醫藥價值，其根部可以消炎解毒、活血化瘀，葉片、樹皮、莖部、果實也都有中藥療

效。此外，蚜蟲寄生後，鹽膚木會在傷口處產生增生組織，俗稱蟲癭，也是中藥的一種，稱為五倍子。

原住民會將果實入湯、醃肉，主要是將之視為食鹽的替代品，果實酸鹹的口感也成了魯凱族小孩的零嘴。一般說來，鹽膚木果實粉末因為帶有酸鹹味，無論東西方料理，都常見應用於醃肉，特別是羊肉與鴨肉等氣味濃郁、油脂含量高的肉類，酸鹹風味在口中化開時，消彌了動物油脂帶來的黏膩感，能平衡味蕾的感受。在中東料理中，經常將鹽膚木粉末灑在鷹豆泥上。此外，鹽膚木也很適合撒在沙拉、炸物上，道理與梅子粉類似，可以解膩開胃，對於喜歡果酸的人來說，是非常討喜的香料。

若購買鹽膚木乾燥的整顆果實，保存期限可以長達兩年以上，但是相當的硬實，若使用咖啡研磨機等可能會損害刀片，最好能使用研缽，稍作碾碎後，浸泡於水中約20分鐘後便可使用，粉狀的鹽膚木直接撒上料理即可，但保存上須要避免光照與潮溼，應儲存於密閉容器中，開罐後6個月內盡快使用完畢。

鹽膚木

089
焊菜
Wavy bittercress

學　　名：*Cardamine flexuosa* With.
英文別名：Nasturti, Flexuosa bittercress, Small bittercress, Wavy bittercress
中文別名：焊菜、野芹菜、細葉碎米薺、小葉碎米薺、碎米薺
原 產 地：台灣全島低海拔平地、歐洲、東亞
食用部位：葉片與根部
風　　味：生食有山葵般的香氣，但無山葵的嗆辣口感，煮熟後香氣會喪失

　　十字花科的焊菜是一年生的草本植物，對於環境適應力極高，喜歡潮濕土壤，在濕地、池塘旁，甚至馬路邊、牆角、田間都可以見到焊菜的身影，經常被歸類與認為是常見的雜草，但對環境危害不大，全株約10～30公分高，葉片互生，嫩葉為披針形，老葉葉緣可以為平整、1～5缺裂葉形或細鋸齒狀葉緣，具四瓣十字形白色花朵，走在鄉間小路不妨可以觀察一下。

　　它的葉片與根部都可以食用，還因含有豐富的蛋白質、維生素與礦物質等，具有醫藥與保健價值。根據花蓮農業改良場與世界蔬菜研究發展中心合作分析營養成分得知焊菜的維生素C含量45毫克／100公克，高於檸檬34毫克／100公克，鐵質含量亦為葡萄的35倍，胺基酸含量高達2,095毫克／100公克，具有豐富的營養價值，而它嗆辣的香氣來自於防禦昆蟲的含硫次級代謝物，研究指出這類代謝物有

很好的抗氧化活性，而在中醫的觀點，焊菜可以消炎、安神、利尿等，是全株都有利用價值的良草，現代科學期刊《Foods》於十字花科系列的營養價值分析研究論文中，認為焊菜具有未來健康食物開發的潛能。

與其將焊菜歸類為香草，或許將之視為香氣獨特的調味野菜更為合適，焊菜原生於台灣、東亞與歐洲溫帶地區，生食有著嗆辣的芥茉香氣，口感卻溫和不刺激，是阿美族的最愛，只要簡單洗淨，沾著醬油就可以立即享受美味，加熱後會喪失主要的嗆辣香氣，但口感柔嫩，混在麵團中、炒肉絲或成為水餃餡料都是不錯的料理方式。在歐洲，尤其在英國，焊菜另一個亞種（通稱bittercress），是生菜沙拉中的一員，為混合生菜帶來跳脫常態的清新香氣，除了生菜沙拉之外，西方料理也經常將之作為青醬，可以混合大蒜、洋蔥、鹽巴與橄欖油，切碎製成醬料後，用於麵包、義大利麵、披薩等的調味，因為垂手可得，容易栽種，經濟價值不高，香氣也容易因高溫喪失，所以焊菜在市面上以新鮮的商品為主，鮮少製成乾燥商品。

焊菜，在田間常見的植物，也被稱呼為「原住民的哇沙米」。

090

金錢薄荷
Ground ivy

學　　名：*Glechoma hederacea*
英文別名：Ground ivy, Gill-over-the-ground, Creeping charlie
中文別名：連錢草、活血丹、大馬蹄草、虎咬黃
原 產 地：歐洲、西亞、北亞；變種：日本、韓國、台灣
食用部位：葉片
風　　味：具有羅勒、鼠尾草與薄荷混合香氣，加熱後香氣喪失，口感變得溫和

　　金錢薄荷在台灣人眼中並不陌生，屬於唇形科多年生草本植物，與薄荷同科，氣味相似，葉序對生，葉形是短圓心形，葉緣圓齒狀，葉面通常有絨毛，它的匍匐莖可長達2公尺，因為葉片有如銅錢，所以稱之為金錢薄荷，是常見景觀盆栽。在台灣海拔2600公尺以下山區都適合生長，耐寒喜歡潮濕，戶外林緣、灌木林等處可見其蹤跡，生命力非常旺盛，全株都可以食用，但大多數以地上部為主。

　　富含花青素、維生素C的金錢薄荷在台灣多用來泡茶，可以止咳、清熱與止痛消腫，普遍應用於利尿與幫助消化；在歐洲，金錢薄荷的使用也有多年歷史，從中世紀起便有許多在民俗醫療上的應用，主要用於消炎、燙傷、胸腹部內臟相關的發炎問題，甚至在發現可以使用啤酒花釀造啤酒之前，也曾將金錢薄荷用於釀造啤酒，並且認為金錢薄荷釀造的啤酒可以改善感冒引起的頭痛；但是金錢薄荷其中的

特殊成分經實驗證實對脊椎動物有害，對於牛與馬有神經毒性，因此，對部分群眾而言，金錢薄荷是有害的植物，孕婦、哺乳婦女等也應謹慎攝取金錢薄荷製成的花茶與精油產品。

料理上，台式的作法多以泡茶與製作青草茶為主，近年來開始有人將金錢薄荷用於炒蛋。事實上，凡是薄荷或是百里香相關的料理，金錢薄荷都能替代製作，很適合做湯品的調味、醬汁、炒蛋與肉類的提味與去腥，甜點糕點也可以搭配，嫩葉更可以用在沙拉上，除了調香之外，也可以成為沙拉的一部分並掩蓋部分沙拉葉菜的苦味。

金錢薄荷除了可以自行種植之外，也可以在藥草農場、青草行找到，甚至被歸類為民俗藥用植物栽培，乾燥的金錢薄荷少了樟腦、薄荷的清新氣味，留下溫和的青草香，但是加熱水後，還是可以嚐到淡淡的薄荷香，是傳統青草茶的成分之一。

金錢薄荷

091

水芹菜
Water celery

學　　名：	*Oenanthe javanica* (Blume) DC
英文別名：	Water celery, Water dropwort, Water parsley, Selom
中文別名：	水蘄、水芹、野芹菜、河片、小葉芹、水節
原 產 地：	台灣、東南亞、日本、中國
食用部位：	全株
風　　味：	如同芹菜、胡蘿蔔葉的香氣，帶有類似胡椒、檸檬、嫩薑的青草氣味

　　水芹菜，由其名稱可知具有如胡蘿蔔葉或芹菜葉片的特殊氣味，其外觀類似巴西里葉，屬於多年生草本植物，全株光滑，具有空心的莖和羽狀互生的葉片，喜歡潮濕的生長環境，生命力旺盛，可以在水溝、山路邊找到，尤其在台灣花東地區常見，是當地原住民慣用的野菜，也是東南亞傳統蔬菜之一，是芹菜的替代品，也因為其藥性，成為歷史悠久的民俗草藥。

　　水芹菜在民俗療法中常被用於保肝、解酒精宿醉、治療腹痛和炎症，水芹菜含有豐富的葉黃素、β-胡蘿蔔素、鐵、鉀、鈣、鈉和鎂，能提供非常好的礦物質來源，同時它也具有多種植化素如香豆素、類黃酮、黃酮苷與多酚，能夠幫助抗發炎與消除體內的酒精，以中醫觀點來看，具有清熱解毒的功效。

　　阿美族的野菜料理中可以常見水芹菜作為佐料，洗淨後取綠葉的莖葉直接翻炒，汆燙或是煮湯，如果直接單一料理水芹菜，可以再加

入蠔油膏與大蒜調味,也很適合搭配各式魚肉。因為它的氣味不如芹菜強烈,在燉湯時可以大膽放入大量的水芹菜,讓湯頭鮮甜與香氣滿溢外,還可以補充膳食纖維。

水芹菜也是亞洲常見的料理食材,特別是韓國常見的涼菜,經過汆燙後放入冷水保持脆度,再加入麻油、醬油、醋等各式調味即可,或是在烤五花肉時加入烤盤一起煎烤,過程中可以利用水芹菜沾一下五花肉的油脂,重新抹上正在煎烤的五花肉,這個做法可以融合水芹菜與五花肉的香氣,烤好後配上韓式沾醬、辣味噌等,清甜爽口又可以幫五花肉解膩。另外,也可以搭配其他涼菜,做成水芹菜捲。在日本也是日式壽喜鍋、味噌湯的常見配角,因為煮湯後味道清甜不搶味,讓它在日式料理中地位更勝芹菜。

買來的水芹菜可以用塑膠袋包覆放置冰箱,可保存三天到一週,或是將它插在裝水的寶特瓶後置於有光的陰涼處。料理方式上,水芹菜的莖較細,與芹菜粗厚的莖不同,因此不如芹菜般耐煮,如果是煮湯,建議在料理中後段再加入即可。

水芹菜

092

益母草
Oriental motherwort

學　　名：*Leonurus japonicus* Houtt
英文別名：Oriental motherwort, Chinese motherwort
中文別名：益母草、坤草、茺蔚、野麻
原 產 地：台灣、中國
食用部位：全株皆可食用
風　　味：有一股淡淡的薄荷、草腥和苦辛味

　　益母草又稱茺蔚，屬於一年生的唇形科草本植物，有著羽狀的葉片，方形的莖和腋生輪繖的花序，喜歡潮濕溫暖的生長環境，全株都可以食用，並具有藥用價值，食用通常以嫩葉為主，清炒或燉湯都很適合，汆燙後有香甜氣味，類似茼蒿口感，藥用則以乾燥為主，而且苦辛口感更為強烈。

　　益母草含有益母草鹼（Leonurine）等成分，在中藥上以全草入藥，是中藥裡非常著名的婦女藥草，專門治療月經不調、閉經等婦女疾病。根據現代科學研究，益母草含有多種不同的植化素與多酚，具有抗菌、抗發炎和抗氧化活性的作用，事實上，在歐洲益母草也是民俗療法中可以看到的藥草，除了婦疾之外，也可以治療瘧疾、高血壓等疾病。

　　料理方面，新鮮的益母草香氣比乾燥的豐富，也比較鮮甜，更適合入菜，可以到青草店尋找。如果沒有新鮮的嫩葉可以使用，一般中

藥行都能買到乾燥的益母草，通常含莖帶花，味道苦澀，口感也比較粗糙，可以將乾燥益母草以冷水泡軟後切碎使用。

益母草煎蛋，便是先將益母草葉片部位切碎後拌入雞蛋再快炒；無論新鮮或乾燥益母草，都可以燉湯，排骨或雞湯都很適合。新鮮益母草嫩葉燉湯後口感像茼蒿葉片一樣細緻，但乾燥益母草燉湯則有明顯中藥口感，苦澀之外，口感也十分粗糙，通常就不建議食用乾燥益母草。

在馬來西亞砂拉越也有益母草料理，他們稱益母草薑酒雞為Kacangma，據說是源自客家話的「假青麻」，並且特別會在女性坐月子期間食用，作法是將乾燥益母草磨成粉，並和薑片、薑粉、麻油、酒和雞肉一起燉煮，再配飯食用。

新鮮益母草葉片的保存方式和一般香草的方式相同，可以用塑膠袋包覆放冰箱，能保存三天到一週，新鮮葉片並不需要久煮，建議在料理中後段再加入較為合適。

益母草的嫩葉常用於料理，
但全株包含莖、種子、花朵，皆可作為中藥材使用。

093

魚腥草
Fish mint

學　　名：*Houttuynia cordata*
英文別名：Fish mint, Fish leaf, Rainbow plant, Chameleon plant, Heart leaf, Fish wort, Chinese lizard tail
中文別名：蕺菜、臭腥草、折耳根、狗貼耳
原 產 地：台灣、中國、東南亞
食用部位：全株皆可食用
風　　味：新鮮葉片經搓揉後會有魚腥味，乾燥時有陳皮與肉桂香氣

　　魚腥草是三白草科多年生的草本植物，常有人稱之為折耳根，有著細長蔓生的莖，葉片心形並且對生，常生長在溪邊、沼澤或田野等濕潤的地區，是一種生命力極強，容易栽培和生長的植物，將新鮮的莖葉插在土壤，就可以存活、發芽生根並且繁衍。

　　相傳當年越王勾踐做了吳王的俘虜，臥薪嘗膽，發誓一定要使越國強大起來，但回國的第一年就碰上了罕見的乾旱糧荒，百姓無糧可吃，於是勾踐親自上山尋找可以食用的野菜，越國便因此靠著食用這個野菜而渡過了難關。因為若將其葉片稍作搓揉，會產生魚腥味，所以被勾踐稱作魚腥草，而有趣的是，當要購買新鮮魚腥草時，要選擇葉片多且魚腥味濃的，才是品質好的象徵。

　　魚腥草的腥味來自於魚腥草素（又稱癸醯乙醛，decanoyl acetaldehyde）、月桂醛（lauric aldehyde），這兩個成分有奇特的臭氣，在新鮮葉子裡最多，乾燥後漸少，但具有非常好的抗菌功能，經

過水煮後會揮發，富含維生素C、鈣、鐵等多種營養素，具有很好的保健效果，它被廣泛用於中醫，被認為可以清熱解毒、消炎止痛，並改善口腔潰瘍、治療皮膚濕疹等病症，並有助於降低血糖和血脂，預防心血管疾病。

在料理方面，新鮮的魚腥草食用部位分為兩種，一種是食用其莖部，將新鮮的莖部汆燙後做成涼拌，或是煮湯、用大蒜爆香後炒菜、炒肉絲，與大部分的食材都可以搭配，口感清新爽脆，微苦味，並具有淡淡的鮮香味；另一種是使用葉片清炒或是煎蛋，因為魚腥草的腥味經水煮之後便可去除，尤其嫩葉會變得清甜可口，最經典的魚腥草菜品是「魚腥草炒蛋」，它的製作方法很簡單，只需要把魚腥草和雞蛋一起炒熟即可，魚腥草還可以用來製作餡料，如魚腥草餡餅等。

乾燥的魚腥草的魚腥味不如新鮮的明顯，並且有淡淡的陳皮與肉桂香氣，可以輕易在中藥行取得，主要用來燉湯與泡茶。魚腥草的味道很獨特，大部分的人對魚腥草的喜好分明，喜歡的人會為之上癮，不喜歡的一口都不會想碰。

魚腥草常見於田間，多取用其莖和葉。

月桃
Beautiful Galangal

學　　名：*Alpinia zerumbet*
英文別名：Beautiful Galangal, Shell-flower, Shell Ginger
中文別名：月桃、虎子花、艷山薑、大良薑
原 產 地：台灣低海拔與平地地區，亞熱帶地區
食用部位：全株皆可食用
風　　味：有薑的氣味，但味道更為辛辣，並具有淡淡的茴香味

　　月桃屬於薑科，是多年生草本植物，與南薑更是近親，生長於熱帶與亞熱帶地區，通常全株可以高達2～3公尺，地下莖蔓生，但地上部叢生，葉片表面光滑且寬度約有5～10公分，長度可以長達60公分，花序成串，花朵白色，而果實為橘色，成熟後具有裂痕，很像老虎，因此又被稱為虎子花。

　　台灣的月桃屬植物共有18種之多，其中12種更是台灣特有種，在各原住民部落都可見其應用，從料理、容器、編織、醫藥，到衣飾與祭祀都有，並且最常將月桃應用於飲食與編織。以部落區分的話，又以排灣族、魯凱族、阿美族與泰雅族對月桃利用最多。

　　月桃屬植物含有多種植化素與維生素，普遍具有鎮靜、抗高血壓、抗氧化、抗菌及抗癌功能，全株都可以使用。以中醫角度而言，月桃的根、莖與果實可以行氣止痛，改善消化不良與嘔吐腹瀉等疾病，由於種子具有清涼解毒的特性，被當時日本人拿來作「仁丹」的

原料之一，是一種幫助消化的藥品；鄒族會使用地下莖來治療筋骨扭傷與關節損傷，阿美族人更會收集月桃花苞的汁液，做為野外止渴的良方。

料理上，月桃長而寬的葉子可以用來包粽子，用此煮出來的月桃粽，當中的米飯增添了一種特殊的香氣；地下莖的味道與薑類似，但更辛辣，原住民會將月桃的地下莖作為薑的替代品，月桃的塊莖也可拿來燉排骨，據說在台灣早期，這可是給青少年度過青春期的簡易食補。

月桃成熟的種子具有獨特的辛香味，將整粒果實含種籽曬乾磨粉保存，香味細緻，可以做為日常香料，它的薑味與茴香味能為料理堆疊出獨特誘人的風味。而月桃花洗淨之後可以做成蜜漬月桃花醬，氣味芳香，也可以拿來燉雞湯，煮成月桃花雞湯。而月桃地上部的莖去除粗厚纖維的外皮後，就成了月桃心，同樣也具有雅致的香氣，是原住民傳統的十心菜之一，可以與魚肉一起燉煮或翻炒，可以去除腥味並增添香氣。

月桃植栽

根據地區不同,有些地方會使用月桃葉來包粽子。

095

艾草
Asiatic wormwood

學　　名：*Artemisia indica Willd*（台灣原生種）
英文別名：Asiatic wormwood, Mugwood
中文別名：艾草、艾葉、艾蒿、灸草
原 產 地：台灣、中國、日本、韓國
食用部位：食用以葉片為主
風　　味：新鮮艾葉香氣如鼠尾草，帶有麝香、樟腦、草腥味，口感略苦

　　艾草為菊科，多年生草本植物，幼嫩的葉為卵形，而成熟的葉片則為羽毛狀，生長力旺盛，喜歡陽光充足的環境，耐寒也耐旱，所以普遍生長於歐洲與亞洲地區，特別在中華文化傳統與藥學上經常使用艾草。無論是在料理、醫藥、宗教儀式或是民俗傳統上，都可以看到艾草的身影，比如說端午節會使用艾草來避邪去除霉運，料理上也有很多的應用，獨特強烈的香氣讓它的應用變得更鮮明有個性。

　　《本草綱目》將艾草視為藥用植物，艾葉含有豐富的葉綠素與膳食纖維，維生素A、B_1、B_2、C與礦物質，並含有豐富抗氧化劑的倍半萜內酯（sesquiterpene lactone）以及多酚等。因為全株皆可入藥與食用，也可以作為針灸的藥材，稱為艾灸。艾草具有調節免疫功能，也能夠促進新陳代謝和抗過敏，溫經止血，而艾草中的單寧酸可緩和發炎及收縮黏膜組織，因為其多種醫藥應用，同時也可驅蚊防蟲，被視為百草之王。

艾草的氣味芳香獨特，儘管口感略苦，它卻出乎意料是很好的開胃香草，無論東西方國家，食用艾草的歷史都非常悠久。歐洲國家的艾草不同種，木質氣味更加濃厚，多用於製酒，歐洲人普遍認為艾草酒可以改善消化疾病；華人傳統料理中，艾草可以用來製作草仔粿、艾餅、客家艾糍、炒蛋等料理，尤其客家人相信吃艾草可以去污除穢，在清明節時會將艾草用清水燙熟後，擠乾剁碎拌入糯米團製成艾草粄，在掃墓祭祖時祭拜並於祭祀後食用。

　　艾草的使用可以分為新鮮的嫩葉、老葉與乾燥的葉片，新鮮的嫩葉氣味較清甜，適合直接入口的料理，比如艾草煎蛋或蒸蛋、炒肉片或蒸魚的調味都可以；老葉的纖維較粗，可以煮雞湯或燉排骨但不食用葉片，煮過的艾草苦味會降低並轉而提升湯的鮮甜，非常適合嘗試，老葉也可以榨成艾草汁，成為草仔粿或其他糕點的調色與調香原料，但因為艾草容易發黑，可以搭配抹茶粉維持顏色又不搶味，乾燥的葉片則常作為中藥使用，可以燉湯或泡茶。

草仔粿

096
山胡椒（馬告）
Mountain Litsea

學　　名：*Litsea cubeba*
英文別名：Mountain litsea, Fragrant litsea, Aromatic litsea
中文別名：馬告、木薑子、山蒼樹、畢澄茄、山雞椒、豆豉薑
原 產 地：台灣、中國、日本與東南亞
食用部位：果實
風　　味：混合薑、檸檬與香茅的香氣，品嚐起來有淡淡的胡椒辛辣感

　　山胡椒，中藥稱之畢澄茄，原住民普遍稱為馬告，代表生生不息、充滿生機的意思，屬於樟科木薑子屬，是台灣的原生種植物，從山區100至1500公尺海拔處都可能出現，它的植株分為公母樹，只有母樹能開花結果，因此在野外的自然繁殖率較低。山胡椒春季開花，夏季結果，果實翠綠，小而圓，曬乾後顏色轉黑，外型很像黑胡椒圓粒，卻沒有那麼深的皺褶，氣味上帶有濃厚的薑與檸檬香茅的香氣，非常迷人。

　　民間傳統用藥中，山胡椒常被用來消腫、解毒、抗發炎與止痛，中藥中更記載可以溫中散寒，行氣止痛。根據文獻分析台灣的山胡椒精油成分，葉片含有檸檬烯、芳樟醇和松烯，而果實的主要成分為香葉醛、橙花醛和檸檬烯，這些成分都有良好的抑菌效果，它的潛力可以用於抗發炎與抑制人體與動物的致病微生物，對於造成田間病害的

病原菌也有很好的防治功效。農委會林業試驗所發表了多篇相關研究，指出山胡椒不僅可以作為料理食材，更具有保健食品開發潛能。

山胡椒的味道會因地區而有所不同，像是烏來品種的果酸味就比較重，新竹地區的則是薑片味道較重，而高海拔的味道則會比較辛辣，是原住民廣泛使用的食材與藥材。

原住民視山胡椒為「山林裡的黑珍珠」，最早由泰雅族、賽夏族使用入菜。除此之外，新鮮的馬告果實也被原住民搗碎後加水泡成可以緩解宿醉的飲品，泰雅族人更於夏日製作馬告檸檬汁，清涼消暑又提神。

料理上，因為山胡椒的薑與檸檬香茅味道可以去腥，辛辣感可刺激唾液和提升食慾，可以應用的食材非常廣泛，舉凡雞、鴨、魚、各式肉品、蔬菜與蛋都可以添加，甚至在甜點製作上，也可創造畫龍點睛的效果。一般料理使用上，可以將原粒加在燉湯中一同熬製，香氣會在燉煮中逐漸釋放，也可以將曬乾的山胡椒裝在胡椒罐中，製作沙拉或是煎蛋時隨意的撒在料理上，此外，原住民也會加鹽將新鮮馬告醃漬，讓現採的山胡椒風味更加持久！

山胡椒的果實

097

土當歸
Aralia cordate

- 學　　名：*Aralia cordata Thunb.*
- 英文別名：Aralia cordate, Udo, Mountain asparagus
- 中文別名：食用土當歸、土當歸、食用楤木、九眼獨活、毛獨活、獨活、五葉參
- 原 產 地：台灣、中國、日本、韓國
- 食用部位：全株皆可
- 風　　味：嫩芽有檸檬與茴芹香氣，成熟葉片、根與莖有淡淡的當歸味

　　土當歸屬於五加科刺蔥屬的多年生草本植物，生長在台灣中央山脈中高海拔地區，可以在草叢中或路旁找到，中橫公路的霧社、翠峰附近又更常見，植株可以高達1～2公尺，葉片互生，成熟葉片為大型羽狀複葉，花型小且多，呈淡黃色或淡綠色，是台灣中部山區常見料理野菜，可以在野菜市集購買。儘管被稱為「土當歸」，它與繖形科的當歸完全不同科，但是成熟的葉片與莖部入料理時，卻能展現出淡淡的當歸香氣，獨特優雅。在日本，土當歸被稱之為獨活，韓國也熱愛食用土當歸。

　　根與莖可用於中藥的土當歸，在中藥名稱為九眼獨活，被認為可以祛風除溼、活血止痛、發汗利尿與消腫，科學期刊指出土當歸含有大量的多酚，有很好的抗氧化活性，可以減少細胞的氧化損傷，對於抗菌、抗發炎都有很好的幫助，在韓國，土當歸燉湯是祛寒、去除感冒非常好的料理。

原住民會將土當歸拿來入菜、煎蛋或是燉湯，獨特的氣味滲透入其他食材，讓味覺體驗瞬間提升。土當歸的嫩芽更有著淡淡的茴芹香氣，韓式吃法可將嫩芽拿來製作冷菜，燙熟後過冷水，加入調味如麻油等，直接食用，也用於熱食與煎餅；日本人使用土當歸的方式更是不同，除了吃綠葉之外，也會透過避光的栽培方式生產出純白軟化的土當歸，稱為軟化獨活，採收於東京都內的軟化獨活又有著「東京獨活」的名號，口感清脆細緻，更可以生食，非常受市場喜愛。

　　料理上，土當歸的葉片可以直接用鹽巴、胡椒清炒，就能顯現美味，嫩芽部分也可以裹粉油炸，像是製作天婦羅一樣，因為煮湯的香氣類似當歸，大部分當歸料理也可以用土當歸替代，尤其在雞湯上的表現最佳，在料理中後段加入土當歸葉，再放入一些枸杞，暖胃又療癒心靈。

土當歸的花多為白色，繖形花序。

098

土肉桂／山肉桂
Indigenous Cinnamon Tree

學　　名：*Cinnamomoum osmophloeum Kanehira*
英文別名：Odour-bark cinnamon, Indigenous cinnamon tree
中文別名：臺灣土玉桂、假肉桂、土肉桂
原 產 地：台灣、亞洲與美洲熱帶地區
食用部位：樹皮、葉片與籽做為香料
風　　味：樹皮有辛辣的肉桂風味

　　土肉桂與肉桂一樣都屬於樟科，主要生長於山區海拔1500公尺以下，土肉桂樹高，樹冠濃密，新生的枝條偏綠，成葉葉面是皮革狀，葉背白，樹皮、葉片、嫩枝和根部都有濃郁的肉桂風味，沉穩氣質與甜而不膩的香氣，為植株增添不少色彩，更可以做為景觀美化與遮蔭用途。

　　土肉桂葉片的肉桂醛含量高達80%以上，只取其葉片就可以製作肉桂香料與精油。若是以葉片作為香料，香氣釋放比樹皮快速且依舊濃郁鮮明，初嚐香甜而尾韻轉辣，整體風味比一般肉桂更豐富，並且土肉桂葉本身並不含糖，卻因為肉桂醛產生的香甜氣味讓食用者有攝取糖份的錯覺，因此可以作為非常好的天然的代糖。

　　肉桂醛更是天然的植物驅蟲劑，可以應用在防蚊與治理田間蟲害；而在保健醫藥上，全株富含單寧成分，具有抗發炎、抗氧化、降血脂與血糖的作用。它更是天然的芳香劑，它的精油可以應用在美容

保養品中，創造出香甜的氣味，土肉桂的應用和肉桂極為重複，但不必像一般肉桂一樣必須要取其樹皮，因此不會傷害樹木。整體來說，土肉桂除了在食品、精油與藥用市場價值很高之外，對永續造林與保育環境上也很有益處。

儘管土肉桂常被認為是肉桂的替代品，但它在台灣原住民部落間的使用卻可是獨一無二的。原住民認為土肉桂成分滋養，可以健胃強身，改善消化不良與感冒症狀，因此會直接取土肉桂葉片嚼食、泡茶或浸酒飲用，鄒族原住民更將土肉桂葉視為零嘴，阿美族人也會將土肉桂的果實搭配檳榔食用，來增加氣味上的變化。

在料理上的應用和肉桂基本上是相同的，可以做成肉桂捲、茶飲或將土肉桂葉加入燉煮料理中去腥提香，因為是在地原生植物，我們更可以輕易觸及土肉桂葉，可以向原住民學習將土肉桂葉醃漬野味如山豬肉、鹿肉、山羊肉等，更可以應用在屬於台灣的在地風情料理——茶葉蛋，在花蓮地區也能看到攤商販售這類特色小吃唷！

你知道嗎？

在民國90年時左右，一場推廣植樹運動原意要大量栽植台灣原生土肉桂，卻因為承辦人員取成「陰香」樹苗而造大量誤植。陰香的外型與土肉桂極為類似，陰香的葉片沒有肉桂味，只有嗆鼻辛辣的口感，簡單的辨識方式為陰香的新生枝條偏紅色，成熟葉面如紙質，葉背為淡綠色，如果沒有專家指導，千萬不要自行採食唷！

099

大葉楠
Large-leaved Nanmu

學　　名：*Machilus japonica Sieb. & Zucc. var. kusanoi (Hayata) Liao*
英文別名：Large-leaved nanmu, Kusano nanmu
中文別名：草野楨楠、大葉楠仔、楠木、楠仔
原 產 地：台灣
食用部位：果實（種子）
風　　味：種子帶有陳皮、柑橘和仙楂氣味，並帶有淡淡海苔鹹味

　　大葉楠是台灣特有的原生植物，屬於樟科常綠喬木，主要生長在800公尺以下的闊葉林，特別喜歡在溪谷陰濕的地方生長，由於野生樹高可達40公尺，卑南族稱之為araway，就是在「遠處就可以看見」的意思。在春天開花，夏季到秋季結果，果實為球形，直徑可達1～1.5公分，成熟後由綠轉黑，因為它的根部具有醫藥價值，樹型美觀，可以美化庭園，而且木材硬度軟硬適中，可以做為家具材料與建材，樹皮具有黏液，和香楠一樣可以做為線香的黏著劑，也是蚊香的原料之一，稱得上是台灣重要的闊葉樹種之一。

　　大葉楠在中藥上的使用以根部為主，具有抗氧化與抗發炎的活性，將新鮮的根磨成汁後擦拭傷口，可以消腫解毒，而食用的部分以果實為主。在台東的排灣族、魯凱族、卑南族料理席間都可以看到大葉楠果實調味的湯品，據說以前原住民祖先在狩獵時，注意到山豬、山羌和台灣獼猴等野生動物都非常喜歡食用大葉楠果實，食用後身強

體健，活力充沛，在經過前人嘗試後，發現大葉楠果實帶有陳皮與仙楂融合氣味，這種獨特的果香味加在燉煮湯品裡，為湯品提升鮮甜的果香氣味，因此，對原住民而言，大葉楠果實就是天然又對健康有益的調味料。

大葉楠果實在料理使用之前需要先剝皮並用研缽搗至細碎，才能幫助香氣釋放，它的果香可以為腥味較重的肉品解膩，所以原住民傳統使用在山間野味燉湯料理包含豬肉、鹿肉與羊肉，同時也適用在燒烤料理，先將肉品以大葉楠果實粉末和其他混合香料與鹽巴一同醃漬隔夜或數小時即可，也可以用在炒菜與炊飯，於料理期間加入一小匙大葉楠果實粉末，可以能提升料理的甜味與香氣，增進食慾。

大葉楠

100
食茱萸
Ailanthus prickly ash

學　　名：*Zanthoxylum ailanthoides*
英文別名：Ailanthus prickly ash
中文別名：大葉刺蔥、刺江某、刺蔥、紅刺蔥、越椒、鳥不踏、毛越椒、茱萸
原 產 地：台灣、中國、日本、東南亞
食用部位：葉片、果實
風　　味：葉片有柑橘檸檬香氣與淡淡奶香，果實有辛香味

食茱萸又稱刺蔥，是原住民常用來調味的香料植物，但如果你因為「刺蔥」是蔬菜而把它想成是蔥或是草本植物，就大大誤會了。食茱萸屬於芸香科花椒屬的喬木，芸香科中有名的水果是柑橘、檸檬，青檸葉便是該科有名的香料，搓揉食茱萸的葉片，可以聞到檸檬、香茅與淡淡的奶香味，同時又屬於花椒屬，所以它的果實清香中帶著辛辣感，樹高可達十幾公尺，喜歡溫暖和陽光，在低海拔尤其是遮光相對少的森林周圍可以看到它的身影，外型特殊，樹幹、枝條及葉均有刺，又被原住民稱之為「鳥不踏」。

食茱萸在中藥使用歷史已久，被認為可以解蛇毒、治療腰膝酸痛、眩暈、耳鳴、神經衰弱等症狀，現代科學分析也發現食茱萸的萃取精油可以殺菌，其中包含痢疾桿菌、傷寒桿菌、金黃色葡萄球菌及某些皮膚病的真菌，也有利尿、降壓、防癌的作用。

不過，茱萸除了食茱萸以外，還有吳茱萸及山茱萸之分，三者都

可作為中藥,而在九月九號重陽「插茱萸」的茱萸指的則是吳茱萸,可以避除邪惡與禦寒,所以又稱「辟邪翁」。食茱萸莖葉可以放在酒糟上釀酒或者浸泡酒精成為藥酒,它的營養成分高過大部分蔬菜,富含膳食纖維、鈣、鐵質等,維生素C含量與青椒相當,所以食茱萸也被稱作為「蔬菜之王」!

它的嫩葉氣味濃厚,老葉則氣味盡失,在選材上要特別注意。阿美族人會將嫩葉拿來煮魚湯、雞湯等,味道清香;排灣族也會取其嫩葉製作「刺蔥排骨湯」;邵族則選取根部來製作排骨湯;布農族與泰雅族則是將莖部與枝幹泡酒,製成藥酒;太魯閣族的祖母湯,則是先將雞烤過後再煮成湯,並加入食茱萸調味,而南投更有人氣地方美食「刺蔥餅」,就是混合刺蔥的葉片做出來的餅乾,味道清香爽口。

食茱萸因為葉片背面的周圍與葉柄都帶刺,在處理上要格外小心,通常都是先用剪刀將帶刺的部位裁切掉後,再進行料理或切得更細碎,嫩葉的香氣除了適合上述原住民料理外,也可以用在煎蛋、製作蛋糕、炒飯、炒菜佐料,甚至做成青醬,醃漬肉品。

你知道嗎?

至於食茱萸的果實用法,和花椒大致類似。事實上,在明代引進辣椒之前,食茱萸的果實就是主要的辛辣調味料唷!

食茱萸

101

大葉石龍尾
Wrinkled Marshweed

學　　名：*Limnophila rugosa (Roth) Merr.*
英文別名：Wrinkled marshweed, Basil-leaf limnophila, Limnophila rugosa
中文別名：大葉田香、田香草、水茴香、水八角、水胡椒、水針棉、糕仔料草
原 產 地：台灣、中國、東南亞、日本、印度
食用部位：葉片
風　　味：葉片聞起來有淡淡的胡椒、薄荷香氣，搓揉後產生濃郁的八角、茴香味道

　　大葉石龍尾隸屬於車前科石龍尾屬，因為有著濃郁的八角香氣，所以又稱水八角，它的學名Limno-是希臘文的「沼澤」而-Phila是「喜愛」的意思，直接點出它喜歡在溫暖潮濕的土壤中生長，屬於多年生草本植物，生長在水位較淺的地方，根長在土裡而葉片與莖卻挺出水面，植株大約20～60公分高，因為有著像是羅勒般的「大葉子」，早期它更是「田」間常見雜草，加上濃郁的「香」氣，因此得名為「大葉田香」。

　　大葉石龍尾可見於民間草藥，也屬於中藥的一種，全株磨碎後外敷能夠改善膿疱、毒蟲咬傷等，也可以煎服改善感冒、喉嚨腫痛與支氣管疾病，更常見於印度阿育吠陀傳統醫學中，用來改善腹瀉、消化不良等疾病。

　　經過科學分析，大葉石龍尾含有三萜類化合物、多酚、單寧等多

種抗發炎成分，並且可以有效抑制許多致病細菌與真菌的生長。事實上，在台灣傳統民俗療法中，大葉石龍尾也是天然的防蚊液，它獨特的香氣能夠作為天然的蚊蟲忌避劑，將葉片磨碎後塗抹在身上就能發揮作用，倘若在野外被蚊蟲叮咬，直接在腫脹處擦拭磨碎的葉片，就能達到鎮痛消腫的功效。

在原住民文化中，大葉石龍尾是常見的野菜，除了清炒外，也可利用它八角香氣做料理調味與泡茶，其中又以大武壠族的釀酒最為出名，他們會先將整株香草搗碎發酵後，再拌入煮熟的糯米飯，釀製一週左右的時間，就可以完成這個香氣滿溢的小米酒，又稱為大滿酒。由於大武壠族曾在清朝道光年間為了生存被迫從高雄一帶往花蓮遷徙，一路上就地取材，所以大滿酒對他們而言，不只是祭祀祖靈的祭品，更象徵著祖靈的愛與緬懷先人的辛勞。

料理應用上，因為獨特的八角香氣讓大葉石龍尾的應用幾乎和八角、茴香相同，使用上選用新鮮的葉片，香氣會比乾燥過的濃郁，可以用在滷肉、製作點心，而且不需要像八角一樣久煮才能釋放香氣，也不像八角在久煮後會釋放苦味，烹煮過程可以很即時，是非常好的香草香料。

大葉石龍尾

參考資料

Chapter 1

001
- Drx Hina Firdous. Benefits of Spices And Its Side Effects. Lybrate. https://www.lybrate.com/topic/benefits-of-spices-and-its-side-effects
- Elle. What Are Spices: A Comprehensive Guide. https://www.spiceandlife.com
- Danilo Alfaro.(2022.09). What Are Spices?A Guide to Buying, Using, and Storing Spices. The Spruce Eats. https://www.thespruceeats.com/what-are-spices-995747
- American Spice Trade Association. Definition of Spice. https://www.astaspice.org/complying-with-u-s-policy-regulations/definitions/

003
- Rob Dunn & Monica Sanchez.(2021.03). On the Origin of Spices:How humans ignored some plant defenses and became attracted to their taste and smell. Nature History. https://www.naturalhistorymag.com/features/233795/on-the-origin-of-spices

004
- Gary Allen.(2012). Herbs - A Global History. Reaktion Books

005
- Sonja & Alex Overhiser.(2020.12). Best Fennel Substitute. A Couple Cooks. https://www.acouplecooks.com/fennel-substitute

012
- ERICT_CULINARYLORE.(2014.03). Spices Were Used to Mask the Taste of Bad Meat in the Middle Ages Through the Renaissance. CulinaryLore. https://culinarylore.com/food-history:spices-used-to-cover-taste-bad-meat/
- Tastessence.14 Natural and Healthy Substitutes for Meat Tenderizer Powder. https://tastessence.com/substitutes-for-meat-tenderizer-powder
- Spice Advice. https://spiceadvice.com

013

- Matthias Wüst.(2019.09). Volatile Phenols– Important contributors to the flavour and aroma of herbs spices and fruits.The 13th World Congress on Polyphenols Applications. Malta.
- Davide Gottardi, Danka Bukvicki, Sahdeo Prasad & Amit K. Tyagi.(2016). Beneficial Effects of Spices in Food Preservation and Safety. Food Microbiology, 7. https://doi.org/10.3389/fmicb.2016.01394
- Australian Natural Therapist Association. Essential Herbs For Sleep. https://www.australiannaturaltherapistsassociation.com.au/blog/essential-herbs-for-sleep-get-a-good-nights-rest/
- Mom Prepares. 20 Best Essential Oils For Sex and Increased Libido (Backed by Research). https://mompreparcs.com/essential-oils-for-sex/

014

- Brian P. Baker & Jennifer A. Grant. (2018). Rosemary & Rosemary Oil Profile. New York State IPM Program
- Keith Critchley.(2019.04). 10 Plants & Herbs that Help Keep the Pests Away. Lang's Lawn Care. https://langslawncare.com/blog/outdoor-pest-control/10-plants-herbs-keep-pests-bugs-away/

015

- Hunt Institute for Botanical Documentation. Virtues and Pleasures of Herbs through History. https://www.huntbotanical.org/virtues-pleasures-herbs/

017

- Miriam Nice. Za'atar recipe. Good Food. https://www.bbcgoodfood.com/recipes/zaatar

018

- Suzy Karadsheh.(2020.09) Egyptian Dukkah Recipe (Easy & Authentic). The Mediterranean Dish. https://www.themediterraneandish.com/dukkah-recipe/

019

- Matthew A. McIntosh.(2021.11). History and Geography of the Cuisine of India. Brewminate: A Bold Blend of News and Ideas. https://brewminate.com/history-and-geography-of-the-cuisine-of-india/

022

- Liv Wan .(2022.06). How to Make Five-Spice Powder. The Spruce Eats. https://www.myrecipes.com/ingredients/what-is-chinese-five-spice-powder

Chapter 2

前言

- Arnold Walter Lawrence & Jean Young.(1931). Journal of Columbus.Narratives of the Discovery of America. Jonathan Cape and Harrison Smith

023

- History of spices. McCormick Science Institute. https://www.mccormickscienceinstitute.com/resources/history-of-spices#:~:text=Over%20the%20years%2C%20spices%20and,those%20used%20for%20medicinal%20purposes.

024

- 農業知識入口網（2014.11）。藥用植物的歷史－古希臘植物學之父泰奧弗拉斯特。https://kmweb.moa.gov.tw/subject/subject.php?id=37171
- Perseus Digital Library. https://www.perseus.tufts.edu/hopper/

025

- 蔡麗蓉（譯）（2020）。中世紀藥草博物誌。臺北市，楓樹林出版社。（Geneviève Xhayet, 2017）
- 林奈氏分類系統。Wikipedia。https://zh.wikipedia.org/zh-tw/%E5%8D%A1%E5%B0%94%C2%B7%E6%9E%97%E5%A5%88#%E6%9E%97%E5%A5%88%E6%B0%8F%E5%88%86%E9%A1%9E%E7%B3%BB%E7%B5%B1

026

- Elsa S. Sánchez.(2023.03). Herb and Spice History:Herbs and spices have been used for thousands of years as medicinal aids and in cooking. Penn State Extension. https://extension.psu.edu/herb-and-spice-history
- 李常受（2000）。第十章、複合之靈的施膏。經歷基督作生命為著召會的建造。臺北市，臺灣福音書房。

- 常正（2005）。香品、香具與香文化（上）（下）。法音=The Voice of Dharma，2005年第8期。
- 李耀輝（義覺）道長（2021.06）。道教與敬香文化，東周刊。929期。

027

- Sophie Tarr.(2010.02). German scientists help solve ancient mystery of "boy Pharaoh". Deutsche Welle. https://www.dw.com/en/new-study-shines-a-light-on-king-tutankhamuns-life-and-death/a-5259156
- Tony Boey.(2021.07). A History of Pepper-The King of Spice. Tony Johor Kaki Travels for Food·Heritage·Culture·History .https://johorkaki.blogspot.com/2021/07/a-history-of-pepper-king-of-spice.html
- Jack Turner.(2004). Spice: The History of a Temptation.Knopf

028

- Edward Gibbon.(1781). The History of the Decline and Fall of the Roman Empire, Volume 3. London:Strahan & Cadell
- John H. Munro.(2013). The Economic History of Later-Medieval and Early-Modern Europe. https://www.economics.utoronto.ca/munro5/10medcom.pdf
- 貪污胡椒的唐朝宰相元載（2018.06）。故宮歷史網。https://www.gugong.net/zhongguo/tangchao/16028.html
- Mark Cartwright.(2021.06). The Spice Trade & the Age of Exploration. World History Encyclopedia. https://www.worldhistory.org/article/1777/the-spice-trade--the-age-of-exploration/

029

- 絲綢之路。Wikipedia。https://zh.wikipedia.org/zh-tw/%E4%B8%9D%E7%BB%B8%E4%B9%8B%E8%B7%AF
- 中國古代的香料之路（2011）。河北工人報。http://www.hbgrb.net/epaper/images/2018-12/04/4B/4B4BCc04_0001.PDF

030

- C N Trueman. (2015.03). Ancient Rome And Trade. The History Learning Site, https://www.historylearningsite.co.uk/ancient-rome/ancient-rome-and-trade/

032

- 趙濤，劉揮（2019）。說透了世界貿易戰。臺北市，海鴿。
- Martha Henriques. How spices changed the ancient world. MADE ON EARTH, BBC. https://www.bbc.com/future/bespoke/made-on-earth/the-flavours-that-shaped-

the-world/
- Piccantino. What's the Story Behind the Spice Islands? https://www.piccantino.com/info/magazine/whats-the-story-behind-the-spice-islands
- Gary Allen.(2012). Herbs - A Global History. Reaktion Books

033

- 百頓（2017.09）。曇花一現的東南亞的臺灣——「南摩鹿加共和國」。故事StoryStudio。https://storystudio.tw/article/gushi/republik-maluku-selatan

034

- History of Garlic. http://www.vegetablefacts.net/
- Marco Polo. Wikipedia. https://en.wikipedia.org/wiki/Marco_Polo#Early_life_and_Asian_travel

035

- World History Project. Transcript of Impact of the Crusades. https://www.oerproject.com/-/media/WHP/PDF/Transcripts/Impact-of-the-Crusades-Khan-Academy.ashx
- Martine Julia van Ittersum. (2016). Debating Natural Law in the Banda Islands: A Case Study in Anglo–Dutch Imperial Competition in the East Indies, 1609–1621. History of European Ideas. https://doi.org/10.1080/01916599.2015.1101216
- Mark Horton, Philip Langton & R. Alexander Bentley.(2015.10). A history of sugar – the food nobody needs, but everyone craves. The Conversation. https://theconversation.com/a-history-of-sugar-the-food-nobody-needs-but-everyone-craves-49823
- Bruce Brunton.(2013). The East India Company: Agent of Empire in the Early Modern Capitalist Era. The Economics of World History. Social Education 77(2), pp 78–81, 98
- Ha-Joon Chang.(2015.12). How the search for spices helped capitalism rise. Financial Times. https://www.ft.com/content/bf73ece2-a368-11e5-bc70-7ff6d4fd203a
- 股份有限公司。Wikipedia。https://zh.wikipedia.org/zh-tw/%E8%82%A1%E4%BB%BD%E6%9C%89%E9%99%90%E5%85%AC%E5%8F%B8

036

- Joshua J. Mark.(2020.04). Medieval Cures for the Black Death. World History Encyclopedia.https://www.worldhistory.org/article/1540/medieval-cures-for-the-black-death/
- Hopkins, Albert A.(1919). The Scientific American cyclopedia of formulas, partly

- based upon the 28th ed. of Scientific American cyclopedia of receipts, notes and queries.(pp.878). New York, Munn & Co., 1919.
- 鍾慧元（編譯）（2022.06）。瘟疫醫生為什麼要戴奇怪的鳥喙面具？。國家地理雜誌。（Erin Blakemore, 2020）。https://www.natgeomedia.com/history/article/content-15327.html

037

- Melitta Weiss Adamson.(2004). Food in Medieval Times. Greenwood.
- Apicius. https://penelope.uchicago.edu/~grout/encyclopaedia_romana/wine/apicius.html
- Sally Grainger.(2006). Cooking Apicius: Roman Recipes for Today. (pp.95). Prospect Books

Chapter 3

前言

- CBI Ministry of Foreign Affairs. What is the demand for spices and herbs on the European market? https://www.cbi.eu/market-information/spices-herbs/what-demand
- Daniel Workman. Top Exported Spices by Sales, Weight and Unit Value. World's Top Exports. https://www.worldstopexports.com/top-exported-spices-by-sales-weight-and-unit-value/

038

- Shawna. The 10 Most Expensive Spices in the World. Wealthy Gorilla.https://wealthygorilla.com/most-expensive-spices/

039

- Panagiota Florou-Paneri, Efterpi Christaki & Ilias Giannenas.(2020). Distribution of aromatic plants in the world and their properties.(pp.89-114). Feed Additives: Aromatic Plants and Herbs in Animal Nutrition and Health. Academic Press.
- Prasad, S., Gupta, S. C., & Aggarwal, B. B. (2012). Micronutrients and cancer: Add spice to your life. Nutr. Diet Cancer. (pp. 23-48). https://link.springer.com/chapter/10.1007/978-94-007-2923-0_2

- Mintec Global. Global Herbs, Spices & Plants. https://www.mintecglobal.com/herbs-spices-plants-prices
- Fortune Business Insights.(2019.12). Spices and Seasonings Market to Reach USD 22.87 Billion by 2026; High Consumption of Organic Spices Worldwide to Surge Demand: Fortune Business Insights. PR Newswire. https://www.prnewswire.com/news-releases/spices-and-seasonings-market-to-reach-usd-22-87-billion-by-2026-high-consumption-of-organic-spices-worldwide-to-surge-demand-fortune-business-insights-300967253.html

040 041

- Delhi Information. Khari Baoli: Asia's Largest Spice Market. https://www.delhiinformation.in/shopping/famous/khari-bawli.html
- Dafari Tours. Dubai Spice Souq. https://dafaritours.com/blog/27/dubai-spice-souq
- Conservatory of the Mexican Gastronomic Culture. A walk through the markets of Oaxaca. https://artsandculture.google.com/story/kQWROmseIR9NpA
- Rahba Kedima Square, Marrakech. GPSMYCITY. https://www.gpsmycity.com/attractions/rahba-kedima-square-19963.html
- Amy Drayton.(2023.08). A Food Lover's Guide to Mombasa Street Food. Starting from Skratch. https://www.skratch.world/post/a-food-lovers-guide-to-mombasa-street-food

Chapter 4

044

- Sandra McCurdy, Joey Peutz, & Grace Wittman. Storing Food for Safety and Quality. OSU Extension Service. https://drive.google.com/file/d/1ye7f13Y5MeIam9iqW4mkNGWTHxAgSymZ/view

046

- Jill Norman.(2002). Herbs & Spices: the cook's reference. DK Publishing
- 行政院農業委員會農業主題館。青蔥主題館。https://kmweb.moa.gov.tw/subject/index.php?id=73
- 行政院農業委員會農業試驗所。https://www.tari.gov.tw
- 段雅馨（2019.02）。四季蔥粉蔥北蔥，你吃到的是哪種蔥？三星蔥白為何特別

- 長？專家教你挑蔥。上下游News&Market。https://www.newsmarket.com.tw/blog/116797/
- 李靜宜（譯）（2016）。食材保鮮這樣做（pp.118-119）。臺北市，天下文化。（德江千代子，2015）。https://bookzone.cwgv.com.tw/change/topic/4637

047

- K.V. Peter.(2006). Shallots (Allium ascalonicum L.) are a perennial crop that is grown as an annual for its cluster of small bulbs or cloves. From: Handbook of Herbs and Spices. Volume 3. Woodhead Publishing.
- Linnea Covington. (2022,12). What Are Shallots? A Guide to Buying, Cooking, and Storing Shallots. The Spruce Eats. https://www.thespruceeats.com/what-are-shallots-4782904
- 盧意（2019.12）。紅蔥頭、洋蔥、蒜頭可以互相代替嗎？用法差別在...。自由時報。https://food.ltn.com.tw/article/9925
- Traditional Shallots. Taste France Magazine. https://www.tastefrance.com/essentials/fruits-vegetables/traditional-shallots
- Irene(2019.11)。【紅蔥頭】有助降血糖、或能紓緩過敏徵狀　紅蔥頭7大益處。UrbanLife Health 健康新態度。https://urbanlifehk.com/article/28422
- History and health benefits of shallot. https://ail-echalote-certifie.org/en/history-health-benefits-shallot

048

- Why is parsley so healthy?. Medical News Today. https://www.medicalnewstoday.com/articles/284490
- The History of Parsley. MySpicer.com. https://www.myspicer.com/history-of-parsley/

049

- 香菜功效5大好處：維生素C多番茄3倍、預防失智高血壓！當心這吃法恐傷腎。療日子健康新聞。https://www.healingdaily.com.tw/articles/%E9%A6%99%E8%8F%9C%E5%8A%9F%E6%95%88-%E9%A3%9F%E7%89%A9%E7%87%9F%E9%A4%8A/
- Eriksson, N., Wu, S., Do, C.B. et al. A genetic variant near olfactory receptor genes influences cilantro preference. Flavour 1, 22 (2012). https://doi.org/10.1186/2044-7248-1-22
- Real Food Encyclopedia | Cilantro. FoodPrint. https://foodprint.org/real-food/cilantro
- CILANTRO (CORIANDRUM SATIVUM). Heritage Garden. http://heritagegarden.uic.edu/cilantro-coriandrum-sativum

050

- The Herb Society of America's Essential Guide to Dill. https://www.herbsociety.org/file_download/inline/0191822e-0527-4cac-afb6-99d2caab6b78
- 黃雅玲（2003.03）。[香草植物]蒔蘿。農情月刊 第66期（92年3月號）。行政院農委會高雄區農業改良。https://www.kdais.gov.tw/ws.php?id=2893
- Health Benefits of Dill. WebMD. https://www.webmd.com/diet/health-benefits-dill

051

- Herb Society of America. https://www.herbsociety.org
- Jillian Kubala, MS, RD. 10 Science-Based Benefits of Fennel and Fennel Seeds. Healthline. https://www.healthline.com/nutrition/fennel-and-fennel-seed-benefits

052

- Mint. Academic Hamilton. https://academics.hamilton.edu/foodforthought/Our_Research_files/mint.pdf
- Victoria Pickering.(2020.04).Plant of the Month: Mint. JSTOR Daily. https://daily.jstor.org/plant-of-the-month-mint
- ROSE Y. COLÓN-SINGH.(2016.08). What You Probably Didn't Know About Mint. Finedining lovers. https://www.finedininglovers.com/article/what-you-probably-didnt-know-about-mint
- Health Benefits of Mint Leaves. WebMD. https://www.webmd.com/diet/health-benefits-mint-leaves
- Tafrihi M, Imran M, Tufail T, Gondal TA, Caruso G, Sharma S, Sharma R, Atanassova M, Atanassov L, Valere Tsouh Fokou P, Pezzani R. The Wonderful Activities of the Genus Mentha: Not Only Antioxidant Properties. Molecules. 2021 Feb 20;26(4):1118. https://www.ncbi.nlm.nih.gov/pmc/articles/PMC7923432

053

- Thyme. Britannica. https://www.britannica.com/plant/thyme
- Health Benefits of Thyme. WebMD. https://www.webmd.com/diet/health-benefits-thyme
- Thyme. McCormick Science Institute. https://www.mccormicksscienceinstitute.com/resources/culinary-spices/herbs-spices/thyme
- 20 Fun Facts About Thyme You Didn't Know. DIY Herb Gardener. https://diyherbgardener.com/fun-facts-about-thyme/
- Thyme – Plant of the Day. Dilston Physic Garden. https://dilstonphysicgarden.com/thyme/

054

- Cardia, G. F. esteves, Silva-filh, saulo Euclides, Silva, expedito Leite, Uchida , N. S., Cavalcante, H. A. otaviano, Cassarotti, L. L., Salvadego, V. E. cocco, Spironello, R. A., Bersani-amado, C. A., & Cuman, R. K. nakamura. (2018). Effect of Lavender (Lavandula Angustifolia) Essential Oil on Acute Inflammatory Response. Evid Based Complement Alternat Med. https://doi.org/10.1155/2018/1413940
- 農業知識入口。https://kmweb.moa.gov.tw/
- Catherine Boeckmann. How to Grow Lavender Plants: The Complete Guide. Almanac. https://www.almanac.com/plant/lavender

055

- Rosemary - Uses, Side Effects, and More. WebMD. https://www.webmd.com/vitamins/ai/ingredientmono-154/rosemary
- Ryland Peters & Small.(2020.12). Try Rosemary Milk For a Comforting, 3-Ingredient Stress Reliever. Parade. https://parade.com/1131426/parade/rosemary-milk/
- Health Benefits of Rosemary. WebMD. https://www.webmd.com/diet/health-benefits-rosemary
- Ali HI, Dey M, Effect of Rosemary Supplementation on Probiotic Yoghurt. Foods. 2021 Oct 9;10(10):2393. https://www.ncbi.nlm.nih.gov/pmc/articles/PMC8535503/
- Rosemary . McCormick Science Institute. https://www.mccormickscienceinstitute.com/resources/culinary-spices/herbs-spices/rosemary

056

- The History of Basil. MySpicer.com. https://www.myspicer.com/history-of-basil
- Health Benefits of Basil. WebMD. https://www.webmd.com/diet/health-benefits-basil
- 張隆仁，羅勒（Basil）—傳統美食香辛料植物 傳統美食香辛料植物與營養保健用途之新興作物，臺中區農業專訊 第73期 100.6，P17-20
- Basil. Academic Hamilton. https://academics.hamilton.edu/foodforthought/our_research_files/herbs.pdf

057

- Peggy Trowbridge Filippone.(2021.03). Sage History, Uses, and Recipes. the Spruce Eats. https://www.thespruceeats.com/history-of-sage-1807657
- Lopresti AL. Salvia (Sage): A Review of its Potential Cognitive-Enhancing and Protective Effects. Drugs R D. 2017 Mar;17(1):53-64. https://www.ncbi.nlm.nih.gov/pmc/articles/PMC5318325/
- Health Benefits of Sage. WebMD. https://www.webmd.com/diet/health-benefits-sage

- Everything you need to know about sage. Medical News Today. https://www.medicalnewstoday.com/articles/266480

058

- Bina F, Rahimi R. Sweet Marjoram: A Review of Ethnopharmacology, Phytochemistry, and Biological Activities. J Evid Based Complementary Altern Med. 2017 Jan;22(1):175-185. https://doi.org/10.1177/2156587216650793
- Drugs and Lactation Database (LactMed) [Internet]. Bethesda (MD): National Library of Medicine (US); 2006–. Oregano. 2021 Jun 21.
- The History of Oregano. Myspicer.com. https://www.myspicer.com/history-of-oregano/
- Jess Smith.(2019.08). TEX MEX Seasoning. Inquiring Chef. https://inquiringchef.com/tex-mex-seasoning/

059

- Hyssop. Our Herb Garden. http://www.ourherbgarden.com/herb-history/hyssop.html
- LiverTox: Clinical and Research Information on Drug-Induced Liver Injury [Internet]. Bethesda (MD): National Institute of Diabetes and Digestive and Kidney Diseases; 2012 Hyssop. https://www.ncbi.nlm.nih.gov/books/NBK548391/
- Hyssop.(2018.06). Encyclopedia.com. https://www.encyclopedia.com/plants-and-animals/plants/plants/hyssop
- Health Benefits of Hyssop. WebMD. https://www.webmd.com/diet/health-benefits-hyssop

060

- Lemon Balm. American Botanical Council. https://www.herbalgram.org/resources/herbalgram/issues/115/table-of-contents/hg115-herbprofile/
- 黃雅玲（2002.06）。【香草植物】香蜂草。農情月刊 第57期（91年6月號）。行政院農委會高雄區農業改良。https://www.kdais.gov.tw/ws.php?id=2764#
- Lemon Balm. Entry prepared by Megan Bumb '10 in College Seminar 235 Food for Thought : The Science, Culture, & Politics of Food Spring 2008. https://academics.hamilton.edu/foodforthought/our_research_files/lemon_balm.pdf

061

- Darlene Schmidt.(2023.01). What Are Makrut Lime Leaves? The Spruce Eats. https://www.thespruceeats.com/makrut-lime-leaves-overview-3217014
- Kaffir lime leaves. Nutrition and You.com. https://www.nutrition-and-you.com/kaffir-lime-leaves.html

- Makrut Lime Leaves. Specialty produce. https://specialtyproduce.com/produce/Makrut_Lime_Leaves_332.php
- Pattarachotanant N. Tencomnao T. Citrus hystrix Extracts Protect Human Neuronal Cells against High Glucose-Induced Senescence. Pharmaceuticals (Basel). 2020 Sep 30;13(10):283.
- S. Wongpornchai. 16 - Kaffir lime leaf. Handbook of Herbs and Spices (Second edition), Volume 2. https://doi.org/10.1533/9780857095688.319

062

- Batool S, Khera RA, Hanif MA, Ayub MA. Bay Leaf. Medicinal Plants of South Asia. 2020:63–74. https://doi.org/10.1016/B978-0-08-102659-5.00005-7
- An Herb Society of American Guide, https://www.herbsociety.org/
- Bay Leaves. Specialty produce. https://specialtyproduce.com/produce/Bay_Leaves_3554.php
- Danilo Alfaro.(2023.06).What are Bay Leaves? The Spruce Eats. https://www.thespruceeats.com/what-is-a-bay-leaf-995576

063

- Banjo. https://www.banjo.co.jp/en/
- Kinjirushi Wasabi. https://www.kinjirushi.co.jp/tchinese/
- 林昕潔整理編輯（2016.10）。山葵、芥末原來不一樣！它的抗癌物比花椰菜多40倍。早安健康網。https://www.edh.tw/article/13364
- Tarar A, Peng S, Cheema S, Peng CA. Anticancer Activity, Mechanism, and Delivery of Allyl Isothiocyanate. Bioengineering (Basel). 2022 Sep 14;9(9):470. https://doi.org/10.3390/bioengineering9090470

064

- Bridget Shirvell.(2022.08).What Is Tarragon? The spruces eats. https://www.thespruceeats.com/all-about-tarragon-4088829
- Tarragon .Good Food. https://www.bbcgoodfood.com/glossary/tarragon-glossary
- MasterClass.(2022.08).A Culinary Guide to Tarragon, Plus 9 Recipes Using Tarragon. MasterClass. https://www.masterclass.com/articles/a-culinary-guide-to-tarragon-plus-9-recipes-using-tarragon
- 餐桌上的療癒食譜，一嚐「龍蒿」Tarragon，滿足味蕾與烹飪的時尚饗宴—香草植栽，https://www.fanniphia.art/%E9%BE%8D%E8%92%BF-tarragon/
- Tarragon. Our Herb Garden.http://www.ourherbgarden.com/herb-history/tarragon.html
- Mehak Shah.(2022.06). The Nutritional Herb with Multiple Health Benefits. HealthifyMe. https://www.healthifyme.com/blog/tarragon/

065

- Authentic Thai Recipe Ingredient: Pandan leaves. https://www.thaicookbook.tv/thai-food-ingredients/fresh-herbs-and-spices/pandan-leaves-screwpine-leaves-thai-bai-toei/
- Health Benefits of Pandan, WebMD. https://www.webmd.com/diet/health-benefits-pandan

066

- Slamet Fauzi and Sigit Prastowo. Repellent Effect of The Pandanus (Pandanus amaryllifolius Roxb) and Neem (Azadirachta indica) Against Rice Weevil Sitophilus oryzae (Coleoptera, Curculionidae). February 2022. Entomology Ornithology & Herpetology Current Research. https://www.preprints.org/manuscript/202107.0123/v1
- Bode AM, Dong Z. The Amazing and Mighty Ginger. In: Benzie IFF, Wachtel-Galor S, editors. Herbal Medicine: Biomolecular and Clinical Aspects. 2nd edition. Boca Raton (FL): CRC Press/Taylor & Francis; 2011. Chapter 7. https://www.ncbi.nlm.nih.gov/books/NBK92775/
- 陳大樂（2019.06）。嫩薑、粉薑、老薑、薑母　薑的背景知多少？今周刊。https://www.businesstoday.com.tw/article/category/80731/post/201906030020/
- Barbara Rolek.(2019.11).The History of Gingerbread. the Spruce Eats. https://www.thespruceeats.com/the-history-of-gingerbread-1135954
- 常春月刊（2020.12）。吃薑不怕冷！嫩薑、粉薑、老薑、薑母差在哪？https://health.udn.com/health/story/6037/5112822

067

- Linnea Covington.(2023.09). What Is Galangal?. The Spruce Eats. https://www.thespruceeats.com/what-is-galangal-5186943
- Azlin Bloor.(2021.02). What is Galangal? (& how to make Galangal Paste). Singaporean and Malaysian Recipes. https://www.singaporeanmalaysianrecipes.com/what-is-galangal-how-to-make-galangal-paste/
- 胖胖樹 王瑞閔（2022.08）。你以為的南洋味，其實是正港台灣味──南薑。獨立評論＠天下。https://opinion.cw.com.tw/blog/profile/543/article/12664
- 中醫寶典─高良薑。http://zhongyibaodian.com/bcgm/gaoliangjiang.html
- Khoudenjal from Taste Altas. https://www.tasteatlas.com/khoudenjal

068

- S M.(2019.09). Health Benefits of Aromatic Ginger. HealthBenefitstimes.com. https://www.healthbenefitstimes.com/aromatic-ginger/

- Buy Sand Ginger. Regency Spices. https://regencyspices.hk/products/sand-ginger
- Sand ginger. the woks of life. https://thewoksoflife.com/sand-ginger/
- 山柰。行政院農委會 藥用植物主題館。https://kmweb.moa.gov.tw/subject/subject.php?id=37249
- DayDayAsk: 生薑 vs 南薑 vs 沙薑。https://www.daydaycook.com/daydaycook/hk/website/theme/details.do?id=178706
- Kaempferia galangal. Wikipedia. https://en.wikipedia.org/wiki/Kaempferia_galanga

069

- Prasad S, Aggarwal BB. Turmeric, the Golden Spice: From Traditional Medicine to Modern Medicine. In: Benzie IFF, Wachtel-Galor S, editors. Herbal Medicine: Biomolecular and Clinical Aspects. 2nd edition. Boca Raton (FL): CRC Press/Taylor & Francis; 2011. Chapter 13. Available from: https://www.ncbi.nlm.nih.gov/books/NBK92752/
- Turmeric. National Center for Complementary and Integrative Health. https://www.nccih.nih.gov/health/turmeric
- 薑黃種類介紹》一篇搞懂常見薑黃品種、差異比較，一起搭上薑黃風潮。https://i-healthy.net/post/%E8%96%91%E9%BB%83%E7%A8%AE%E9%A1%9E/

070

- Cardamom: The Queen of Spices. Indian Culture. https://indianculture.gov.in/food-and-culture/spices-herbs/cardamom-queen-spices
- White Cardamom Vs. Green Cardamom. Small Kitchen Guide. https://smallkitchenguide.com/white-cardamom-vs-green-cardamom/
- THE HISTORY OF CARDAMOM. Myspicer.com. https://www.myspicer.com/history-cardamom
- Lizzie Streit, MS, RDN, LD.(2018.08). 10 Health Benefits of Cardamom, Backed by Science. healthline. https://www.healthline.com/nutrition/cardamom-benefits

071

- Petrovska BB, Cekovska S. Extracts from the history and medical properties of garlic. Pharmacogn Rev. 2010 Jan;4(7):106-10. https://www.ncbi.nlm.nih.gov/pmc/articles/PMC3249897
- 大蒜－蒜皮小識。行政院農委會 農業知識入口網。https://kmweb.moa.gov.tw/theme_data.php?theme=news&sub_theme=agri_life&id=54310
- Rachael Ajmera, MS, RD.(2018.10). 7 Health Benefits and Uses of Anise Seed. healthline. https://www.healthline.com/nutrition/anise

072

- Aprotosoaie AC, Costache II, Miron A. Anethole and Its Role in Chronic Diseases. Adv Exp Med Biol. 2016;929:247-267. https://doi.org/10.1007/978-3-319-41342-6_11
- Anise Seed. Spice Advice. https://spiceadvice.com/encyclopedia/anise-seed/
- Danilo Alfaro.(2023.09).What is Anise Seed? The spruce eats. https://www.thespruceeats.com/what-is-anise-995562

073

- Asafoetida. Good Food. https://www.bbcgoodfood.com/glossary/asafoetida-glossary
- Anand Bodh.(2017.03). Himachal Pradesh all set to show way for Asafoetida cultivation. The times of India. https://timesofindia.indiatimes.com/city/shimla/himachal-pradesh-all-set-to-show-way-for-asafoetida-cultivation/articleshow/57450303.cms
- Asafoetida, spice and resin. Britannica. https://www.britannica.com/topic/asafetida
- Petrina Verma Sarkar.(2023.09).What Is Hing (Asafetida)?. the spruce eats. https://www.thespruceeats.com/definition-of-hing-or-heeng-1957481
- Kelli McGrane, MS, RD.(2021.12). What Is Asafoetida? Benefits, Side Effects, and Uses. healthline. https://www.healthline.com/nutrition/asafoetida-benefits
- Amalraj A, Gopi S. Biological activities and medicinal properties of Asafoetida: A review. J Tradit Complement Med. 2016 Dec 20;7(3):347-359. https://doi.org/10.1016/j.jtcme.2016.11.004

074

- SARA BIR.(2022.11). What Is Pepper?. Simply Recipes. https://www.simplyrecipes.com/the_simply_recipes_guide_to_pepper/
- TASTING TABLE STAFF.(2016.08). 9 Types Of Peppercorns And How To Use Them. Tasting Table. https://www.tastingtable.com/692156/peppercorns-different-types-black-pepper-green-pink/
- Makayla Meixner MS, RDN.(2019.03). 11 Science-Backed Health Benefits of Black Pepper. healthline. https://www.healthline.com/nutrition/black-pepper-benefits

075

- Bethany Moncel.(2023.11).What Is Star Anise? The Spruce Eats. https://www.thespruceeats.com/what-is-star-anise-1328525
- Ansley Hill, RD, LD.(2023.07). Star Anise: Benefits, Uses and Potential Risks. healthline. https://www.healthline.com/nutrition/star-anise
- 中藥學堂 八角茴香。http://tcpa.taiwan-pharma.org.tw/node/7466

076

- Health Benefits of Cumin. WebMD. https://www.webmd.com/diet/health-benefits-cumi
- Cumin: The Origins, Journey, and Impact of the Worldwide Spice Sensation. Pacific Spice Company. https://pacificspice.com/2020/01/15/cumin/
- Johri RK. Cuminum cyminum and Carum carvi: An update. Pharmacogn Rev. 2011 Jan;5(9):63-72. https://doi.org/10.4103/0973-7847.79101

077

- Coriander and Cilantro. Silk Routes. University of Iowa, https://iwp.uiowa.edu/silkroutes/coriander-and-cilantro
- Coriander Seed: The History, Origins, and Common Uses. Pacific Spice Company. https://pacificspice.com/2022/05/24/coriander-seed/
- CORIANDER. Encyclopedia Iranica. https://www.iranicaonline.org/articles/coriander-coriandrum-sativum-l
- 10 Ancient Use Of Coriander Seeds. Superfood Evolution. https://www.superfoodevolution.com/coriander-seeds.html
- ERIC REINSVOLD.(2016.06). The Creative Potential of Coriander. Beer & Brewing. https://beerandbrewing.com/the-creative-potential-of-coriander/
- Different types of Coriander Seeds. Suman Exports. https://www.sumanexport.in/post/different-types-of-coriander-seeds
- 3-71. KORIANNON. THE HERBAL OF DIOSCORIDES THE GREEK. pp.476. https://ia802907.us.archive.org/16/items/de-materia-medica/scribd-download.com_dioscorides-de-materia-medica.pdf

078

- MasterClass.(2021.12). What Is Sansho Pepper? Sansho vs. Szechuan Peppercorns. Master Class. https://www.masterclass.com/articles/sansho-pepper-guide
- 蔡名雄（103.12）。奇香妙味是花椒。農業知識入口網 農學報導 https://kmweb.moa.gov.tw/theme_data.php?theme=news&sub_theme=agri_life&id=54173
- 花椒。醫砭。https://yibian.hopto.org/shu/?sid=75896
- 陳朝軍、劉芸、陸紅佳等。花椒麻素與辣椒素的不同質量比對大鼠降血脂的協同作用。食品科學, 2014,35（19）。江蘇農業科學。https://doi.org/10.15889/j.issn.1002-1302.2017.21.047

079

- Cinnamon. Britannica. https://www.britannica.com/plant/cinnamon
- Top 12 health benefits of cinnamon. Good Food. https://www.bbcgoodfood.com/howto/guide/health-benefits-cinnamon

參考資料　279

- TIMESOFINDIA.COM.(2020.01).Essential oils that give the same energy kick as a cup of coffee. Times of India. https://timesofindia.indiatimes.com/life-style/health-fitness/home-remedies/essential-oils-that-give-the-same-energy-kick-as-a-cup-of-coffee/photostory/73553915.cms?picid=73553938

080

- 張隆仁。禾本科香藥草植物－檸檬香茅（lemon grass）。行政院農委會台中區農業改良場。https://www.tdais.gov.tw/ws.php?id=1898
- Lemongrass. University of Wisconsin Stevens Point. https://www.uwsp.edu/sbcb/lemongrass/
- Shah G, Shri R, Panchal V, Sharma N, Singh B, Mann AS. Scientific basis for the therapeutic use of Cymbopogon citratus, stapf (Lemon grass). J Adv Pharm Technol Res. 2011 Jan;2(1):3-8.. http://dx.doi.org/10.4103/2231-4040.79796

081

- Clove. Britannica. https://www.britannica.com/plant/clove
- Clove. UCLA Spices Exotic Flavors & Medicines. https://unitproj.library.ucla.edu/biomed/spice/index.cfm?displayid=7
- Cortés-Rojas DF, de Souza CR, Oliveira WP. Clove (Syzygium aromaticum): a precious spice. Asian Pac J Trop Biomed. 2014 Feb;4(2):90-6., https://doi.org/10.1016/s2221-1691(14)60215-x

082

- Salwee Yasmin and F. A. Nehvi, Saffron as a valuable spice: A comprehensive review. African Journal of Agricultural Research Vol. 8(3), pp. 234-242, 24 January, 2013, https://academicjournals.org/article/article1380871874_Yasmin%20and%20Nehvi.pdf
- History of saffron. McGill University. https://www.cs.mcgill.ca/~rwest/wikispeedia/wpcd/wp/h/History_of_saffron.htm

083

- 行政院農業委員會農業主題館。香莢蘭。香莢蘭主題館。https://kmweb.moa.gov.tw/subject/index.php?id=46850
- Patricia Rain. History of Vanilla. The vanilla company. https://vanillaqueen.com/facts-about-vanilla/
- Rebecca Rupp.(2014.10). The History of Vanilla. National Geographic. https://www.nationalgeographic.com/culture/article/plain-vanilla

084

- Nutmeg vs Mace. Cuisine at home. https://www.cuisineathome.com/tips/nutmeg-vs-mace/
- M. Smith. Nutmeg. Editor(s): Philip Wexler, Encyclopedia of Toxicology (Third Edition), Academic Press, 2014, Pages 630-631, ISBN 9780123864550, https://doi.org/10.1016/B978-0-12-386454-3.00762-4
- 肉豆蔻。中醫道。https://traditional-worldmedicine.com/myristica-fragrans-houtt/
- LINDA LUM.(2022.11). Exploring Nutmeg: Dark History of the Christmas Spice and My Favorite Recipes. Delishably. https://delishably.com/spices-seasonings/All-About-the-Flavors-of-Christmas-Nutmeg

085

- The History Of Juniper and Its Healing Properties. AMBER FREDA. https://amberfreda.com/history-juniper-healing-properties/
- JUNIPER. WOODLAND TRUST. https://www.woodlandtrust.org.uk/trees-woods-and-wildlife/british-trees/a-z-of-british-trees/juniper
- Raina R, Verma PK, Peshin R, Kour H. Potential of Juniperus communis L as a nutraceutical in human and veterinary medicine. Heliyon. 2019 Aug 31;5(8):e02376.

086

- Jodi Ettenberg. A brief history of chili peppers. LEGAL NOMADS. https://www.legalnomads.com/history-chili-peppers/
- Sanati S, Razavi BM, Hosseinzadeh H. A review of the effects of Capsicum annuum L. and its constituent, capsaicin, in metabolic syndrome. Iran J Basic Med Sci. 2018 May;21(5):439-448. https://www.ncbi.nlm.nih.gov/pmc/articles/PMC6000222/
- Chopan M, Littenberg B. The Association of Hot Red Chili Pepper Consumption and Mortality: A Large Population-Based Cohort Study. PLoS One. 2017 Jan 9;12(1):e0169876. https://doi.org/10.1371/journal.pone.0169876
- Vuerich M, Petrussa E, Filippi A, Cluzet S, Fonayet JV, Sepulcri A, Piani B, Ermacora P, Braidot E. Antifungal activity of chili pepper extract with potential for the control of some major pathogens in grapevine. Pest management Science, SCI, Volume79, Issue7, July 2023, https://doi.org/10.1002/ps.7435
- John Haltiwanger.(2018.06).The Army's newest non-lethal weapon basically lets soldiers shoot enemies in the face with hot sauce. Business Insider. https://www.businessinsider.com/the-army-has-a-new-non-lethal-weapon-that-fires-pepper-filled-balls-2018-6

Chapter 5

087

- 嚴新富（2012）。植物園的台灣原住民民族植物系列（一）。國立自然科學博物館館訊。https://libknowledge.nmns.edu.tw/nmnsc/nmnswebtp?ID=2&SECU=288347816&PAGE=nmns/nmnsweb_2nd&VIEWREC=nmns:7@@1712798876
- 嚴新富。台灣外來種植物的現況。國立自然科學博物館。http://wssroc.agron.ntu.edu.tw/2012/%E5%B9%B4%E6%9C%83/20121125%E5%8F%B0%E7%81%A3%E5%A4%96%E4%BE%86%E7%A8%AE%E6%A4%8D%E7%89%A9%E7%9A%84%E7%8F%BE%E6%B3%81.pdf
- 謝伯鴻（2018.06）。土肉桂。自然谷。https://teia.tw/natural_valley_star/pw2018-06-01/
- 王升陽（2018.04）。非木材森林產物在台灣林業發展的可能性與策略。農業科技決策資訊平台。https://agritech-foresight.atri.org.tw/article/contents/1466
- 賴佳珮（2010）。探討金錢薄荷與岩蘭草精油抗氧化及抗發炎活性。靜宜大學食品營養研究所。https://ndltd.ncl.edu.tw/cgi-bin/gs32/gsweb.cgi?o=dnclcdr&s=id=%22098PU005255026%22.&searchmode=basic
- 王聖雄（1993）。益母草水煎劑對小白鼠避孕效果之研究。中興大學獸醫研究所。https://ndltd.ncl.edu.tw/cgi-bin/gs32/gsweb.cgi/login?o=dnclcdr&s=id=%2208 1NCHU2541013%22.&searchmode=basic
- 張維政（2007）。台灣原生植物精油於改善痤瘡之應用。嘉南藥理科技大學化妝品科技研究所。https://hdl.handle.net/11296/23n46w

088

- 莊溪。羅氏鹽膚木。http://kplant.biodiv.tw/%E7%BE%85%E6%B0%8F%E9%B9%BD%E8%86%9A%E6%9C%A8/%E7%BE%85%E6%B0%8F%E9%B9%BD%E8%86%9A%E6%9C%A8.htm
- Pete Taylor.(2023.08). What Is Sumac?. The Spruce Eats. https://www.thespruceeats.com/what-is-sumac-1763131

089

- 莊溪。焊菜。http://kplant.biodiv.tw/%E8%94%8A%E8%8F%9C/%E8%94%8A%E8%8F%9C.htm
- Cardamine flexuosa. GLOBAL INVASIVE SPECIES DATABASE. http://www.iucngisd.org/gisd/species.php?sc=1579

- 植物保護圖鑑系列。農業部動植物防疫檢疫署。https://www.aphia.gov.tw/ws.php?id=4225
- 游之穎、詹庭筑、全中和、吳婉貞、楊瑞玉（2016.12）。臺灣「原」味 原住民的哇沙米「細葉碎米薺」。花蓮區農業專訊98期。農業部花蓮區農業改良場。https://www.hdares.gov.tw/upload/hdares/files/web_structure/9279/bull-98_8-12.pdf
- Dobrowolska-Iwanek J, Zagrodzki P, Galanty A, Fo ta M, Kryczyk-Kozio J, Szlósarczyk M, Rubio PS, Saraiva de Carvalho I, Pa ko P. Determination of Essential Minerals and Trace Elements in Edible Sprouts from Different Botanical Families- Application of Chemometric Analysis. Foods. 2022 Jan 27;11(3):371., https://doi.org/10.3390/foods11030371

090

- 行政院農業委員會農業主題館。金錢薄荷。農業主題館原生野花。https://kmweb.moa.gov.tw/subject/subject.php?id=40050
- 詹如（2009）。金錢薄荷萃取物之安全性、抗致突變性及抗氧化活性探討。靜宜大學食品營養研究所。https://hdl.handle.net/11296/pxf9q9
- 莊溪。金錢薄荷。http://kplant.biodiv.tw/%E9%87%91%E9%8C%A2%E8%96%84%E8%8D%B7/%E9%87%91%E9%8C%A2%E8%96%84%E8%8D%B7.htm
- Ground Ivy. Special Produce. https://www.specialtyproduce.com/produce/Ground_Ivy_10630.php#:~:text=Ground%20ivy%20is%20entirely%20edible,deeper%20earthy%20tone%20when%20cooked.
- Robin Harford. Ground Ivy. Eatweeds. https://www.eatweeds.co.uk/ground-ivy-glechoma-hederacea

091

- 行政院農業委員會農業主題館。水芹菜。農業主題館原生野花。https://kmweb.moa.gov.tw/subject/subject.php?id=39965
- Lu CL, Li XF. A Review of Oenanthe javanica (Blume) DC. as Traditional Medicinal Plant and Its Therapeutic Potential. Evid Based Complement Alternat Med. 2019 Apr 1;2019, https://doi.org/10.1155/2019/6495819
- Oenanthe javanica (Blume) DC. NParks Flora & Fauna Web. https://www.nparks.gov.sg/florafaunaweb/flora/4/9/4982
- SYLVIA.(2022.03). Traditional uses and benefits of Water Dropwort. HealthBenefitstimes.com. https://www.healthbenefitstimes.com/water-dropwort/

092

- 行政院農業委員會農業主題館。益母草。藥用植物主題館。https://kmweb.moa.gov.tw/subject/subject.php?id=37267

- Miao, L., Zhou, Q., Peng, C., Liu, Z., & Xiong, L. (2019). Leonurus Japonicus (Chinese Motherwort), an Excellent Traditional Medicine for Obstetrical and Gynecological Diseases: A Comprehensive Overview. Biomedicine & Pharmacotherapy, 117. https://doi.org/10.1016/j.biopha.2019.109060
- 蔡羽（2021.03）。Kacangma，从月餐变日常的益母草姜酒。一起吃風。https://myeasymoment.com/kacangma
- Julie Olive. Kacangma or Motherwort Chicken. Just Julie. https://www.julieolive.co.uk/2019/04/09/kacangma-or-motherwort-chicken/

093

- 邱名榕、楊榮季、曾怡嘉、吳文傑（2014）。魚腥草的研究與介紹。長庚藥學雜誌第120冊第30卷第3期。https://www.taiwan-pharma.org.tw/magazine/120/011.pdf
- 魚腥草。A+醫學百科。http://cht.a-hospital.com/w/%E9%B1%BC%E8%85%A5%E8%8D%89
- 莊溪。魚腥草。http://kplant.biodiv.tw/%E9%AD%9A%E8%85%A5%E8%8D%89/%E9%AD%9A%E8%85%A5%E8%8D%89.htm

094

- 陳科廷、董景生（2018）。臺灣月桃的民族植物利用。《國立臺灣大學生物資源暨農學院實驗林研究報告》32卷1期。https://doi.org/10.6542/EFNTU.2018.32(1).1
- 行政院農業委員會農業主題館。月桃。藥用植物主題館。https://kmweb.moa.gov.tw/subject/subject.php?id=37339
- 莊溪。月桃。http://kplant.biodiv.tw/%E6%9C%88%E6%A1%83/%E6%9C%88%E6%A1%83.htm
- 台灣原生香料使用挑戰：香氣雅緻的月桃如何成為主角。Mingchu chefs and more。http://m.mingchu.co/preview/newsview?id=5313&lang_id=2
- 陳智聖（2008）。台灣薑科普來氏月桃及其主要成分對抗腫瘤功效評估及其機制之探討。中國醫藥大學營養學系。https://hdl.handle.net/11296/vg35de

095

- 行政院農業委員會農業藥物毒物試驗所。跨域加值艾草保健飼料添加物的商品化開發。農業藥物毒物試驗所107年年報，第42-43頁。https://www.acri.gov.tw/Uploads/Ebook/57769f32-1b2c-4eb4-8a8f-e3975c223b3c/
- Elena Marinova. Wormwood - The Bitter Remedy By Nature. Sanat.io. https://www.sanat.io/p/Wormwood-The-Bitter-Remedy-By-Nature
- 艾草。新北市客家觀光美食館。https://www.hakka-cuisine.ntpc.gov.tw/files/15-1006-3221,c392-1.php?Lang=zh-tw

- 陳蔚承（2018.05）。端午掛它避邪！艾草可不只這樣 入菜、驅蚊都好用。康健雜誌。https://www.commonhealth.com.tw/article/77437
- 林蕙萱，吳映璇，楊薇楨，吳美鳳。艾草萃取物成份改善代謝症候群及相關調控標靶之研究。中山醫學大學醫學檢驗暨生物技術學系。106年科技部補助專題研究計畫成果報告。https://ir.csmu.edu.tw:8080/bitstream/310902500/19102/2/report%20(29).pdf

096

- 莊溪。山胡椒。http://kplant.biodiv.tw/%E5%B1%B1%E8%83%A1%E6%A4%92/%E5%B1%B1%E8%83%A1%E6%A4%92.htm
- 詹鈞賀（2018.09）。【自然谷之星】吃出「原」味 天然香料山胡椒。環境資訊中心。https://e-info.org.tw/node/213627
- 王升陽（2015.04）。【四月民俗植物曆】黃色山精靈：山胡椒。環境資訊中心。https://e-info.org.tw/node/106337
- 鑽石級的精油──山胡椒。行政院農委會 農業知識入口網。https://kmweb.moa.gov.tw/theme_data.php?theme=news&sub_theme=attention&id=48531
- 馬告是什麼？ 3種方式用馬告香料做出馬告料理不藏私！。看見太陽原住民產業平台。https://explorethesun.tw/story_detail.php?id=53

097

- Udo – Aralia cordata potted plant (dormant). Incredible Vegetables. https://incrediblevegetables.co.uk/shop/udo-aralia-cordata-potted-plant/
- 莊溪。食用土當歸。http://kplant.biodiv.tw/%E9%A3%9F%E7%94%A8%E5%9C%9F%E7%95%B6%E6%AD%B8/%E9%A3%9F%E7%94%A8%E5%9C%9F%E7%95%B6%E6%AD%B8.htm
- NAOYA NAKAYAMA.(2020.05)。栽培於地底下的純白山菜「東京獨活」。SHUN GATE。https://shun-gate.com/zh/roots/roots_89/
- Puzeryt V, Viškelis P, Baliūnaitien A, Štreimikyt P, Viškelis J, Urbonavi ien D. Aralia cordata Thunb. as a Source of Bioactive Compounds: Phytochemical Composition and Antioxidant Activity. Plants (Basel). 2022 Jun 28;11(13):1704. https://doi.org/10.3390/plants11131704

098

- AUTOCLEAN 自清（2020.08）。台灣美食故事》山裡的美味 4 種原住民食材。AutoClean。https://autoclean.tw/blog/taiwanese-native-spices
- 行政院農業委員會農業主題館。土肉桂。藥用植物主題館。https://kmweb.moa.gov.tw/subject/subject.php?id=37202
- 土肉桂。台灣景觀植物介紹。http://tlpg.hsiliu.org.tw/plant/view/96

參考資料　285

- 土肉桂和陰香就樣分辨就對了!。中華民國果菜合作社聯合社。https://www.fvc.org.tw/archives/8134
- 李佩宣（2022.01）。台灣土肉桂復育路 蘊藏濃厚祖孫情。世新大學小世界周報。http://shuj.shu.edu.tw/blog/2022/01/03/%E5%8F%B0%E7%81%A3%E5%9C%9F%E8%82%89%E6%A1%82%E5%BE%A9%E8%82%B2%E8%B7%AF-%E8%97%8F%E8%91%97%E6%BF%83%E5%8E%9A%E7%A5%96%E5%AD%AB%E6%83%85/

099

- 大葉楠。荒野保護協會。https://sowhc.sow.org.tw/html/observation/plant/a01plant/a010309-da-ye-nan/da-ye-nan.htm
- 莊溪。大葉楠。http://kplant.biodiv.tw/%E5%A4%A7%E8%91%89%E6%A5%A0/%E5%A4%A7%E8%91%89%E6%A5%A0.htm
- 發現臺東慢食（2022.09）。最天然的味精：大葉楠煮排骨湯。慢食台東。https://slowfoodtaitung.tw/field/%E6%9C%80%E5%A4%A9%E7%B6%E7%9A%84%E5%91%B3%E7%B2%BE-%E5%A4%A7%E8%91%89%E6%A5%A0%E7%85%AE%E6%8E%92%E9%AA%A8%E6%B9%AF
- 林得次、劉炯錫（2009）。魯凱族達魯瑪克部落的食用野生植物。ICE模式促進台東住民認識及保護山林環境資源。https://playice888.pixnet.net/blog/post/1276870

100

- 康健網站編輯（2017.07）。刺蔥｜蔬菜之王！營養價值讓專家們都驚呼。康健雜誌。https://www.commonhealth.com.tw/article/74239
- 沈維君（2021.06）。刺進心裡的清香美味──刺蔥。beyond beyond。https://www.beyondbeyond.com.tw/category/foodIngredients/articles/1
- 黃世勳（2021.06）。原民美食「紅刺蔥」入藥抗癌抗愛滋。自由健康網。https://health.ltn.com.tw/article/paper/1457079
- 方梓（2013.08）。鳥不踏 風味美食—刺蔥 上。人間福報。https://www.merit-times.com.tw/NewsPage.aspx?unid=315481
- 方梓（2013.08）。鳥不踏 風味美食—刺蔥 下。人間福報。https://www.merit-times.com.tw/NewsPage.aspx?unid=315642
- 原住民部落天然香料─食茱萸。有機誌。https://www.organic-lohas.com/2019/03/14/201903141209/

101

- 大葉田香。百草谷藥用植物園。https://herbs-garden.idv.tw/Home/WorksDetail/722
- Acharya R, Padiya RH, Patel ED, Harisha CR, Shukla VJ. Microbial evaluation of

Limnophila rugosa Roth. (Merr) leaf. Ayu. 2014 Apr;35(2):207-10., https://doi.org/10.4103/0974-8520.146259
- Najiya Pathan, Prof. Pooja Bhane and Dr. Urmilesh Jha.Review On Limnophila Rugosa Leaves For Antiinflammatory Activity. World Journal of Pharmaceutical Research, Volume11, Issue 2, 1184-1195, https://wjpr.s3.ap-south-1.amazonaws.com/article_issue/6108b1ccd47637fc919906f5b02f80ea.pdf
- 行政院農業委員會農業主題館。大葉田香。農業主題館原生野花。https://kmweb.moa.gov.tw/subject/subject.php?id=42028

國家圖書館出版品預行編目（CIP）資料

香草香料圖鑑：從基礎知識、歷史軼事、文化到料理，發現101道香料的祕辛／呂欣倫編著. -- 初版. -- 臺中市：晨星出版有限公司，2024.12
　　面；　公分. --（看懂一本通；018）

ISBN 978-626-320-889-6（平裝）

1.CST: 香料作物

434.193　　　　　　　　　　　　　　　113009443

看懂一本通 018

香草香料圖鑑

從基礎知識、歷史軼事、文化到料理，發現101道香料的祕辛

編著	呂欣倫
編輯	陳詠俞
內頁設計	黃偵瑜
封面設計	水青子

創辦人	陳銘民
發行所	晨星出版有限公司 407台中市西屯區工業30路1號1樓 TEL：04-23595820　FAX：04-23550581 E-mail:service@morningstar.com.tw http://www.morningstar.com.tw 行政院新聞局局版台業字第2500號
法律顧問	陳思成律師
初版	西元2024年12月15日　初版1刷

讀者服務專線	TEL：（02）23672044 ／（04）23595819#212
讀者傳真專線	FAX：（02）23635741 ／（04）23595493
讀者專用信箱	service@morningstar.com.tw
網路書店	http://www.morningstar.com.tw
郵政劃撥	15060393（知己圖書股份有限公司）

印刷	上好印刷股份有限公司

歡迎掃描 QR CODE，填線上回函

定價 420 元
（如書籍有缺頁或破損，請寄回更換）
ISBN：978-626-320-889-6

Published by Morning Star Publishing Co., Ltd.
All rights reserved
Printed in Taiwan
版權所有・翻印必究